"国家留学基金与中国地质调查局合作项目(2021年)"成果
中国地质调查局地质调查工程"海洋自然资源综合调查"成果
中国地质调查局地质调查项目"海南岛东南海域自然资源调查试点"成果

海洋自然资源

HAIYANG ZIRAN ZIYUAN

裴丽欣　黄赞慧　陈　靓　王照翻　符钉辉　等编著

图书在版编目(CIP)数据

海洋自然资源/裴丽欣等编著. —武汉:中国地质大学出版社,2024.4

ISBN 978-7-5625-5846-0

Ⅰ.①海…　Ⅱ.①裴…　Ⅲ.①海洋资源-普及读物　Ⅳ.①P74-49

中国国家版本馆 CIP 数据核字(2024)第 089335 号

海洋自然资源　　裴丽欣　黄赞慧　陈　靓　王照翻　符钉辉　**等编著**

责任编辑:唐然坤　　选题策划:唐然坤　　责任校对:何澍语

出版发行:中国地质大学出版社(武汉市洪山区鲁磨路 388 号)　　邮编:430074
电　　话:(027)67883511　　传　　真:(027)67883580　　E-mail:cbb@cug.edu.cn
经　　销:全国新华书店　　http://cugp.cug.edu.cn

开本:787 毫米×1092 毫米　1/16　　字数:243 千字　　印张:9.5
版次:2024 年 4 月第 1 版　　印次:2024 年 4 月第 1 次印刷
印刷:湖北新华印务有限公司

ISBN 978-7-5625-5846-0　　定价:68.00 元

《海洋自然资源》
编委会

前　言 PREFACE

海洋是地球上最广大连续的咸水水体的总称。海洋的中心主体部分称作“洋”，边缘部分称作“海”，洋和海彼此沟通构成统一的水体。

地球上海洋总面积约为 3.6 亿 km^2，约占地球表面积的 71%，而海洋中含有约 13.18 亿 km^3 的水，约占地球总水量的 97%。从太空看，地球就像是一个被水包围的蓝色水球，所以又被称为“水球”。

海洋，是一个巨大的自然资源宝库，是生命的摇篮。自然资源，是天然存在、有使用价值、可提高人类当前和未来福利的自然环境因素的总和。海洋自然资源(ocean natural resources)是海洋中能供人类利用的天然物质、能量和空间的总和。按照自然资源部自然资源调查监测司 2022 年 6 月出台的《自然资源分类》，海洋自然资源包括海洋矿产资源、海洋能资源、海洋生物资源、海水、海洋基质和海洋空间资源等。海洋自然资源种类繁多，储量十分丰富。海洋作为一个相对独立的生态系统，下覆岩石圈，上连大气圈，中间夹生物圈、水圈，是各个圈层之间的相互作用形成的交互空间，具有独立性和特殊性。陆地上现有的自然资源多数在海洋中都可以找到，而且海洋中某些资源的资源量大大超过陆地同类的资源。因此，研究、开发利用和保护海洋资源对于人类社会发展具有十分重要的意义。

海洋矿产资源是赋存于海底表层沉积物和海底岩层中矿物资源的总和。海洋中蕴藏着极其丰富的石油和天然气资源，其中海洋油气资源主要分布在大陆架，约占全球海洋油气资源的 60%；大陆坡的深水、超深水域的油气资源潜力可观，约占 30%。另外，有一种被称为天然气水合物的新型矿物，它能量密度高，杂质少，燃烧后几乎无污染，矿层厚，规模大，分布广。随着开采技术逐渐成熟，未来可燃冰的广泛应用会给人类的发展带来新的希望。

海洋能资源是以潮汐、海流、潮流、波浪、温度差、盐度差等形式存在于海洋中，以海水为能量载体形成的能量。海洋能源是可再生能，也称为“蓝色能源”，海洋能源来自太阳辐射及月球、太阳等天体的引力等。随着地球矿物资源不断枯竭和生态保护要求不断提高，海洋能源的利用将会有更大发展。

海洋生物资源是指海洋中具有生命的能自行繁衍和不断更新的有机体。从第一个有生命力的细胞诞生至今，仍有 20 多万种生物生活在海洋中，其中海洋植物约 2.5 万种，海洋动物约 18 万种。从低等植物到高等植物，从植食动物到肉食动物，再加上海洋微生物，它们共同构成了一个特殊的海洋生态系统，蕴藏着巨大的生物资源量。据估计，全球海洋浮游生物的年生产量约为 5000 亿 t。因此，海洋是一座极其诱人的“人类未来食品库”。

海水是一个多组分、多相态的复杂体系，除水以外，还包括占溶解成分99.9%以上的主要成分、众多的微量和痕量元素、营养盐、有机物、溶存气体以及悬浮于海水中的颗粒物质等。海水资源开发，包括海水直接利用、海水淡化和海水中化学资源的提取。随着科学技术的不断进步，海水水资源和化学资源的利用具有非常广阔的前景。

海洋基质是存在于海洋底部，主要由天然物质经自然作用形成的基础物质，包括海底表面的岩石、砾质、土质以及深海软泥等。海洋深处有着深邃的海沟、连绵起伏的海岭、平坦宽阔的海底平原、蜿蜒曲折的海底峡谷等，甚至还有喷发岩浆的火山。海洋基质是国防、航海、渔业和各项水下工程的基础。

海洋空间资源是与海洋开发有关的海岸、海上、海中、海底空间利用资源的总称，可分为渔业用海、工矿通信用海、交通运输用海、游憩用海、特殊用海等。随着世界人口的不断增长，陆地可开发利用空间越来越小，而海洋不仅拥有骄人的辽阔海面，更拥有无比深厚的海底和潜力巨大的海中空间，"陆海统筹、走向深蓝"的未来海洋城在不远的将来可能由梦想变成现实。

本书共分7章，第1章由裴丽欣、黄赞慧编写，第2章由陈靓、黄赞慧、裴丽欣、王照翻等编写，第3章由裴丽欣、张欢、周曰虎、陈靓等编写，第4章由符钉辉、黄赞慧、李平汝、罗帅杰等编写，第5章、第6章由黄赞慧、陈靓、贠庥宇、王照翻等编写，第7章由王照翻、黄赞慧、陈靓、韦秀等编写，全书由裴丽欣、黄赞慧、陈靓统稿。

书中参考引用了国内外学者的大量优秀成果，在此对原作者一并致以衷心的感谢。同时，也感谢"海南岛东南海域自然资源调查试点"项目中各位成员的相互协助及配合，提供了大量资料及照片。由于海洋自然资源种类繁多、性质各异，书中难免疏漏及错误之处，敬请批评指正。在此声明，本书所用部分图件无法准确标记原始来源，如有相关内容侵权，请联系笔者，在此深表歉意。希望读者能够一起探索海洋宝藏的奥秘，学习未来海洋的发展趋势，共同保护我们的海洋家园！

笔　者

2023年12月

目 录 CONTENTS

1

海洋概况

1.1 海洋的起源

地球的形成

大约在50亿年前，银河系里弥漫着大量的星云物质，它们因自身引力作用而收缩，在收缩过程中产生的旋涡使星云破裂成许多“碎片”，其中形成太阳系的那些碎片被称为太阳星云。太阳星云中含有不易挥发的固体尘粒。这些尘粒相互结合，形成越来越大的颗粒环状物，并开始吸附周围一些较小的尘粒，从而体积日益增大，逐渐形成了地球星胚。

地球星胚在一定的空间范围内运动着，并且不断地壮大自己，于是，原始地球就形成了。原始地球经过不断的运动与壮大，最终形成了今天的模样。

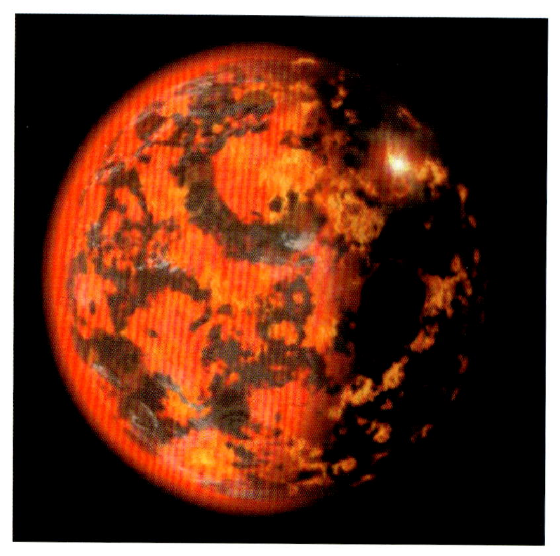

45亿年前的地球

现在的地球

海洋的形成

原始地球形成之后，地表温度慢慢升高。这个时期的地球，越靠外侧温度越高。随着温度的上升，表面物质开始熔化。这些熔融物质类似火山岩浆，覆盖在地球表面。随着岩浆覆盖面积的增大，其中的挥发性物质逸出，形成原始大气。这种大气以水和碳酸气为主要成分，气压是现在的100多倍。

地表温度慢慢升高

炽热的岩浆冲出地壳

原始大气形成

降雨汇聚成巨大水体

海洋形成过程

后来，大气温度下降，大气中的水蒸气变成了水，降落到地面。在地壳经过冷却定形之后，地球就像一个“久放而风干了的苹果”，表面“皱纹”密布，凹凸不平，且高山、平原、河床、海盆等各种地形一应俱全。由于冷却不均，空气对流剧烈，从而形成雷电狂风、暴雨浊流，雨越下越大，一直下了很久很久。滔滔的洪水通过千川万壑，汇集成巨大的水体，这就是原始的海洋。

1.2 海洋的演变

海水为什么是咸的？

原始海洋中的海水不是咸的，而是呈酸性且缺氧。由于地表水分不断蒸发，云雨反复形成，又落回地面，把陆地和海底岩石中的盐分溶解，不断地汇集于海水中，在经过亿万年的积累后，才变成了大体均匀的咸水。同时，由于当时大气中没有氧气，也没有臭氧层，紫外线可以直接照射地面，依靠海水的保护，生物首先在海洋中诞生。

总之，经过水量和盐分的逐渐增加及地质历史的沧桑巨变，原始海洋逐渐演变成今天的海洋。

海水中的盐分

海水的变化

地球水圈形成后，距今35亿～20亿年，也许延续到距今15亿年，大气中的含氧量远低于现在，大洋水中的氧分则更低。

早期大洋水的pH值比现代海水低。那时的火成岩偏于基性，当它们与酸（如HCl）作用时，会产生中性或偏碱性的溶液，原始的酸性大洋便逐步改变了其性质。

早期大洋水中的负离子可能主要是碳酸根（CO_3^{2-}）和重碳酸根离子（HCO_3^-），而不是氯离子（Cl^-）。随着HCl对岩石的淋滤作用，岩石中硅发生释放与沉淀，并不断产生氯化物，早期大洋便逐渐向含氯离子的现代大洋过渡。

大洋水可能在距今20亿～15亿年时开始具有它现代的特点。这时海洋中具有真核细胞的绿色植物开始出现，生物的造氧能力大大增强，大量游离氧生成。氧不仅可以满足海洋中的各种氧化反应，而且可以从水中外逸至大气中，逐步形成具有现代特点的大洋水和大气以及高度氧化的地面条件。

海水的变化

海洋差不多经历了 50 亿年的演变，才形成了今天我们看到的承载万物的生态圈。至今为止，人类已探索的海底只有 5%，还有 95%的海底是未知的。对于大海的探索是人类不会停止的功课。

海洋生命的变化

海洋里积攒了大量的有机物和能量，这个时候海里逐渐开始产生了生命——低等的单细胞生物，比如蓝藻菌等。蓝藻菌类通过光合作用产生了大量氧气，为生命的演化创造了基础。

海洋里的生物经过生存斗争和进化，逐渐形成了原始藻类，这些藻类深刻改变了地球进化方向。藻类大量繁殖并进行光合作用释放出大量氧气，这些氧气导致地球温度上升，且部分氧气形成了臭氧层，保护了地球表层环境。

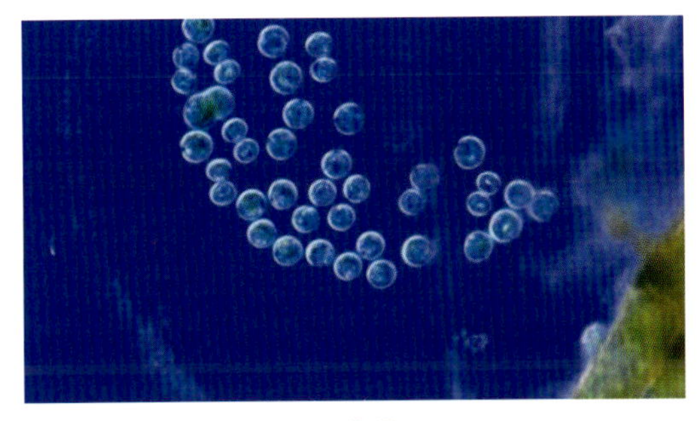

蓝藻菌

原始藻类

大概在 3.65 亿年前，海洋中的第一条鱼从海洋爬上陆地，开始了生命演化的另一个新历史进程。这是因为当时海洋的环境发生了变化，地球进入冰河期，海洋温度下降且缺少氧气和食物。这说明，海洋可能不总是对生物友好的。

由海洋到陆地的历史进程(来源:《科普时报》)

目前的海洋已经占据了地球表面的大部分空间，在气候调节、降水等方面扮演着非常重要的角色。由于全球气候变暖导致的海平面上升给我们未来在陆地上的生活带来威胁，海洋成为人类未来开发的重要方向。因此，我们应该保护海洋，保护我们共同的家园。

1.3 海洋自然资源状况

什么是自然资源？

自然资源，是指天然存在、有使用价值、可提高人类当前和未来福利的自然环境因素的总和。自然资源是相对经济资源而言的，是自然地理条件下能够提供人类生存、发展和享受的物质、能量与空间，是与自然地理环境紧密相关且相互作用和相互影响的。自然资源的范围是不断变化和扩展的，随着经济社会发展和科技手段的进步，能够开发和利用的自然资源种类也不断发生变化。

自然资源分类方案按“水土气生矿”将自然资源分为5个基本大类，即水资源、土地资源、气候资源、生物资源、矿产资源，单列海洋资源和空间资源，构成“5＋2”的自然资源基本分类。

自然资源分类方案(来源：厦门市生态局)

什么是海洋自然资源？

海洋自然资源是指海洋中能供人类利用的天然物质、能量和空间的总和。海洋下覆岩石圈，上连大气圈，中间夹生物圈、水圈，是各个圈层之间的相互作用形成的交互空间，具有独立性和特殊性。海洋面积占据地球表面积的71%，其自然资源类型与陆地自然资源类型具有相似性，是一个相对独立的生态系统。按照海洋自然资源分类方案，海洋自然资源分为海洋矿产资源、海洋能资源、海洋生物资源、海水、海洋基质、海洋空间资源6类。

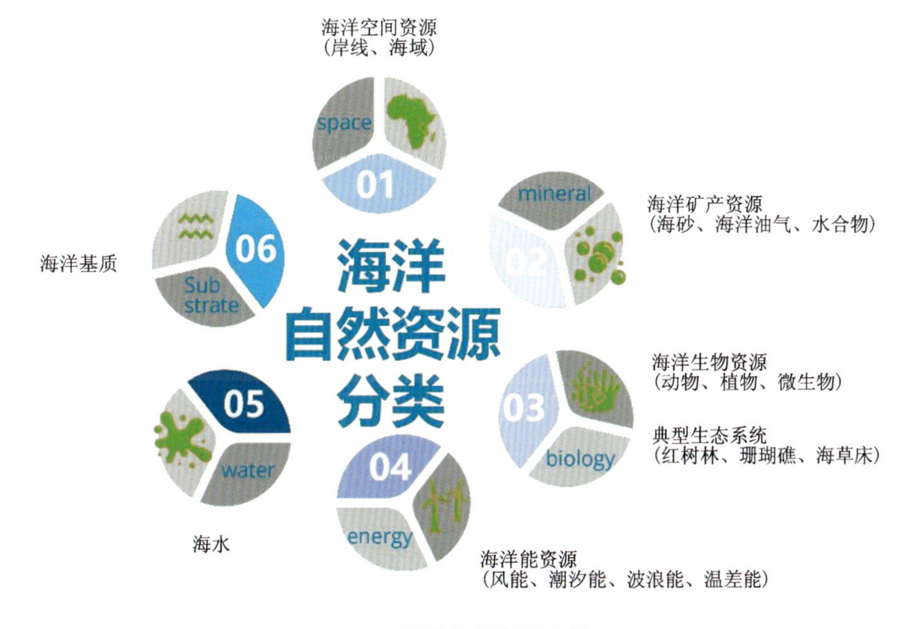

海洋自然资源分类

海洋自然资源的意义

首先，生命源于海洋，地球上的物种约有80%生活在海洋中，已知海洋生物20多万种，其中海洋动物约18万种，海洋植物约2.5万种，总蕴藏量达1350亿t。海洋渔业资源的总可捕量为2亿～3亿t/a，目前，实际捕捞量不足1亿t/a，大洋深水区蕴藏着大量的中层鱼类资源，开发潜力巨大。另外，药用和其他生物资源也具有诱人的开发前景。目前，已有超过6500种新产品从海洋生物中产生。海洋中有近1000万个深海生物物种，由于其特殊的生存环境，将为人类提供丰富的基因资源。其中，中国近海海洋生物物种繁多，平均生物产量每平方千米3020t。

其次，海底蕴藏丰富的油气资源。据统计，世界油气远景面积约7 746.3万km^2，其中海底油气远景面积约2 639.5万km^2，约占34%。海洋石油蕴藏量1000多亿吨，1995年世界海洋石油探明储量约380亿t。海洋天然气储量约140万亿m^3，探明储量约40万亿m^3。已有 100 多个国家和地区进行了海上油气勘探，其中对深海海底进行勘探的有 50 多个国家和地区。随着工程技术的不断创新，海底石油和天然气勘探向深水区发展，储量还会增加。

中国近海约有 240 亿 t 的石油资源量及 14 万亿 m^3 的天然气资源量；发现了 71 个含油气构造，获地质储量石油 12 亿 t 及天然气 2350 亿 m^3；已有 25 个海上油气田投入开发使用，形成了海上油气产业。近年来，我国南沙海域发现了 7 个油气盆地，总资源量达 320 亿～430 亿 t，成为世界四大油气区之一。天然气水合物，也称“可燃冰”，具有分布广、含量丰富的特点。目前全球“可燃冰”总能量是煤、天然气、石油总和的 2～3 倍。对我国南海天然气水合物储量的初步调查显示，我国南海天然气水合物总资源量为近 800 亿 t 油当量，相当于全国石油总量的 50％左右。此外，海洋中蕴藏着巨大的再生性能源。海浪、海流、潮汐能等总储量为 160 亿 kW。我国海洋蕴藏的发电量为 6.3 亿 kW，且能量结构分布较合理，不会造成任何污染，若能较好地开发利用再生性能源，发电量相当可观。

最后，人类已发现的 100 多种化学元素中有 80 多种在海水中存在。在 13.7 亿 km^3 的海水中，盐含量达 4.8×10^{16} t，重水达 200 万亿 t，铀的蕴藏量约为陆地的 3000 倍，金的含量也相当可观。每 1km^3 海水中含物质 3750 万 t，除盐外，含氯化镁 320 万 t，硫酸镁 220 万 t，碳酸镁 120 万 t，溴 65 万 t。深海区域蕴藏着丰富的矿产资源，包括多金属结核、热液矿床和钴结壳。据初步调查结果，15％的深海区域存有锰结核资源，产量约 3 万亿 t。若把海水中的全部物质提取出来铺在陆地表面，厚度可达 150m。

2

海洋矿产

2.1 海洋矿产资源概述

什么是海洋矿产资源?

海洋矿产资源是海洋资源中一个十分庞大的二级类别,它是指天然赋存于海底表层沉积物和海底岩层中的,具有开发利用价值的,呈固态、液态、气态的矿物或元素的总称,具有种类繁多、储量有限、分布不均衡、不可再生等特点。

海洋矿产资源的种类

海洋矿产资源种类繁多,国内外学者从不同角度出发对海洋矿产资源进行了分类(Wang and Mckelvey,1976;Archer,1983;Rona et al.,2004;高亚峰,2009;崔木花等,2005;张成等,2019)。按资源的实用性,海洋矿产资源可划分为能源资源、金属资源、非金属资源及石材资源;按矿物的类型,可划分为金属矿物矿床资源、非金属矿物矿床资源、可燃矿物资源、水下资源;按形成环境,从滨海到深海大洋可分为滨海砂矿资源、石油与天然气资源、磷钙土资源、多金属软泥资源、多金属结核资源、富钴结壳资源、热液硫化物资源、天然气水合物资源等;按分布区域,可划分为滨海砂矿资源、海底矿产资源和大洋矿产资源;按产出特性,可分为能源矿产资源、海底金属矿产资源、海底非金属矿产资源、海底气体矿产资源等;按成因,可分为陆源(岩石风化侵蚀)矿物资源、生物成因矿物资源、自生矿物资源、成岩作用矿物资源、火山成因矿物资源、大气成因矿物资源等;按矿种,可分为海底砂矿资源(简称海砂资源)、海底磷矿资源、海底锰结核资源和钴结壳资源、海底多金属软泥资源、海底硫化物矿资源、海底油气藏资源、天然气水合物资源等。

自然资源部从学理基础、法理依据、管理目标及前瞻性等方面综合考虑,参照《中华人民共和国矿产资源法实施细则》,将海洋矿产划分为海洋能源矿产、海洋金属矿产、海洋非金属矿产、海洋水汽矿产等。

海洋矿产资源的分布特征

海底地形大致可以分为大陆架、大陆坡、大陆隆、大洋中脊、大洋盆地和海沟6个单元。

大陆架是陆地向海洋的过渡地带，是陆地向海洋延伸的部分，可以说是被海水覆盖的陆地，它从低潮线起逐渐向外倾斜，平均坡角小于 1°，一般深度约 200m。我国的渤海、黄海、东海和南海都是大陆架海区。

从大陆架向大洋方向前进，在大陆架的边缘通常会出现一个坡度很陡的陡坡，平均坡角为 3°～6°，并急剧向下，水深可达 3000m，这个陡坡通常被称为大陆坡。

在大陆坡的底部铺盖着大量沉积物，通常称为大陆隆，坡角 1°左右，深达 4000～5000m。

由此往下便是海洋的主体——大洋盆地（洋盆），它是海底相对平坦的区域，面积巨大，属于典型的大洋地壳，深度可达 6000m，包括深海平原和深海丘陵。人们通常把大洋盆地称为深海平原。

海岭就是指海底的山脉，海岭两侧是平坦的洋盆，通常海岭的高度可达 3000～4000m，长度多在千米以上。海岭的形成是板块张裂的结果，多位于板块的生长边界。由于海底板块的张裂，下方岩浆上升，形成海底系列火山，最终形成海岭。大洋中脊又称中央海峡，主要位于大洋中央，是指贯穿世界四大洋、成因相同、特征相似的海底山脉系列。

海沟是海底最深的地方，可以理解为海底的沟槽，其形态通常是狭长的，而且两壁陡峭。海沟的深度通常在 5000m 以上，最深的马里亚纳海沟的深度达到了 11 034m。海沟由板块运动形成，通常是由海洋板块和陆地板块碰撞形成的，位于板块的消亡边界。

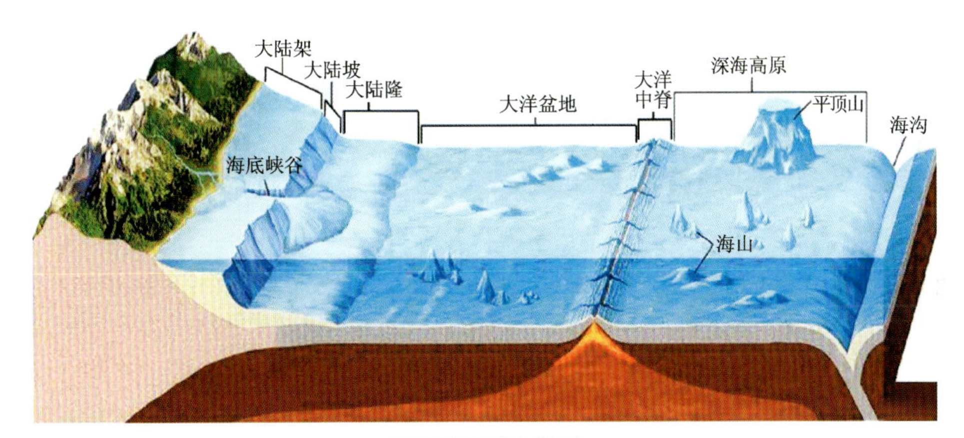

海底地貌形态简图

海洋矿产资源的形成与海底地貌、海洋底质、水深、构造运动等密切相关，因此其分布具有一定的地域性。

海洋矿产资源的用处有哪些？

▶石油和天然气

石油和天然气主要用于炼制生产汽油、煤油、柴油、重油、天然气等，是车辆、飞机、轮船、锅炉燃料和民用燃料的主要供应者；炼制的金属、无机非金属、高分子合成材料、有机化工原料，在材料工业中发挥着重要作用。石油和天然气与我们生活的方方面面息息相关，是当前能源的主要供应者之一。

海洋主要矿产资源分布(据高亚峰,2009修改)

资源种类	主要分布区
海砂资源	主要分布于沿海大陆架区域
海洋油气资源	海洋大陆架区和少量深水陆坡区
天然气水合物	极地永冻带、大陆架和深水大陆坡区
多金属结核	主要分布于80%的中生代或年轻的深海盆地表面或浅层,如水深范围2000~6000m的太平洋、印度洋及部分大西洋海盆等地
富钴结壳	主要产于水深800~3000m的海山、海台及海岭的顶部和斜坡上
海底热液矿床	主要产于水深1500~5000m高热流区的洋中脊、海底裂谷带和弧后边缘盆地的构造带内,如东太平洋海隆、大西洋中脊、印度洋中脊、红海、北斐济海盆、马里亚纳海沟及东海冲绳海槽轴部等处。热液喷口周围常常存在独特的生物群落
磷钙土	大陆边缘磷钙土主要产于大陆架浅海区,一般以水深200~500m的海底处居多,常与泥沙等沉积物混在一起;大洋磷钙土主要产于西太平洋海山区
海底煤矿	一般分布于陆地煤田向海底延伸的区域

▶砂和砾石

砂和砾石是全国性使用的材料,主要用于工业目的,如铸造作业、玻璃制造、研磨料和水处理设施的渗透层。大多数砂和砾石用于建筑(如民房、商业大厦、高速公路、桥梁和堤坝)的混凝土或沥青混料中。大量的砂和砾石还在无黏合材料的情况下用作路基、路面和铁路道渣。

石油钻采平台

砂和砾石

▶钴

钴使材料具有耐热性、耐磨性和磁性,主要应用于飞机引擎,工业汽轮机,永久磁铁的磁合金,油漆和清漆的催干剂、催化剂等的制作中。钴在制造切割工具、采矿和钻探设备时可用来胶结硬质合金磨料,在制造径向轮胎时可用来黏合钢和橡胶等。

富钴结核

大洋多金属结核

▶其他金属

铬主要用在冶金、有色金属、化工产品和耐火材料等方面。锰在钢和铸铁生产中起着重要的作用，可增强钢的强度、硬度和韧性，防止形成可能提高脆性的碳化物。镍可以使合金在很大的温度范围内具有强度、硬度和抗腐蚀的能力，常被用于不锈钢和合金钢、有色合金、电镀、化工产品、电池、燃料、颜料和农药等的生产。铜具有很高的导电性、导热性、强度、耐磨性和耐腐蚀性，被广泛应用于管道、屋顶材料、沟槽和其他建筑材料等方面；还具有无磁性的特征，常用于电力设备、电能传输、电子和计算机设备以及通信系统，在工业设备、海洋和飞机产品方面发挥着重要作用。锌可用于镀锌钢、锌基合金和压铸件，在工业化学品、农业化工品、橡胶和油漆颜料、建筑材料、交通运输、机械、电力以及其他领域中广泛应用。金是一种独特的商品，被认为是财富储备的衡量标准，主要用于珠宝饰物和工艺品的生产制作，在医疗领域和航天工业中也有应用。铂族金属通常由铂、钯、铑、铱、钌和锇 6 种自然界共生且紧密相关的金属组成，主要用于珠宝装饰品、工艺品或实验室器具的生产制作，近年来在工业上的价值日益凸显。钛常作为一种金属颜料使用，具有较强的光反射特性，在油漆、纸张、塑料和橡胶制品中应用普遍。磷灰石是制造磷肥和磷素及其化合物的最主要矿物原料。磷酸钠用于家用洗涤剂、清洁剂、水处理和食物制作中，磷酸用于动物饲料、牙膏、食物添加剂和烘烤粉的磷酸钙制造中。石榴子石用于制作高质量研磨剂和过滤器介质的铁铝硅酸盐，其天然的大小和形状决定了其工业用途。

海洋矿产资源的重要意义

海洋总面积约占地球表面积的 71%，蕴藏着储量巨大的矿产资源。随着工业化进程的加速，人类对矿产资源的需求与日俱增，而陆地上许多矿产资源正面临着枯竭的危险，且很难满足人们的需求。因此，人类要发展势必要把开发矿产资源的目光从陆地转向海洋，故把海洋作为人类探求新的矿产资源基地已成为许多国家的共识。世界各国尤其是沿海国家，已将调查研究和合理开发海洋资源摆在了解决人口剧增、资源匮乏、环境恶化等重大问题，实现经济社会可持续发展以及海洋能源战略的首要地位。海洋矿产资源开发已经成为国民经济的重要组成部分。

我国拥有约470万km^2的管辖海域，蕴藏着丰富的矿产资源，矿产元素基本上涵盖了陆地上分布的大部分化学元素类型。其中，海洋石油资源占我国石油资源总储量的22%，海洋天然气资源占我国天然气总储量的29%（吴美仪，2018），化学元素以及锰结核、富钴结壳、海砂矿、可燃冰等资源的储量也远大于陆地（肖业祥等，2014）。迄今为止，我国在海洋油气资源、海砂资源、天然气水合物、多金属结核、富钴结壳及海底热液矿床等方面都开展了广泛的勘查研究，并取得了丰硕的成果。社会经济的迅速发展对能源、矿产原材料的需求量持续扩大，我国在寻求新的替代能源同时，也在加强海洋矿产资源的勘探开发，实现资源的可持续利用已成为必然选择。

2.2 海洋油气资源

油气资源的形成

海洋油气资源是指由地质作用形成的具有经济意义的海底烃类矿物聚集体，它是由有机物在缺氧的地层深处和一定温度、压力环境下，通过石油菌、硫磺菌等的分解作用而逐渐形成的。海洋油气资源主要包括海洋石油、天然气以及海底页岩气和煤层气等（张成等，2019）。

油气的形成有4个基本要素：烃源岩、储集层、盖层和圈闭。烃源岩是指在天然条件下曾经产生且排出过烃类并已形成工业性油气聚集的岩石；储集层是指具有连通孔隙、能使流体储存并在其中渗滤的岩层；盖层是指位于储集层上方，能够阻止油气向上逸散的岩层；圈闭是指在地壳内能聚集和保存油气的地质体，是油气聚集的天然场所。而沉积盆地中油气藏的形成则需要多种因素，最主要的有：①生排烃条件，必须有充足的油气源，包括生烃的地质背景条件及有机质丰度、类型和成熟度；②油气输导条件、储集条件和盖层条件；③油气聚集条件，必须存在有效圈闭和储盖组合；④油气藏保存和破坏条件，主要涉及油气藏破坏和油气再分布。

油气资源的分布和储量

海洋油气资源主要分布在大陆架，大陆架油气资源约占全球海洋油气资源总量的60%，此外在大陆坡的深水、超深水域也拥有潜力可观的油气资源。在已探明储量的位置中，目前浅海仍占主导地位，但随着石油勘探技术的进步，海洋油气资源的勘探将逐渐向深海进军

(水深小于500m为浅海,大于500m为深海,1500m以上为超深海)(张成等,2019)。目前,海洋石油钻探最大水深已经超过3000m,油田开发的作业水深达到3000m,铺设海底管道的水深达到2150m。

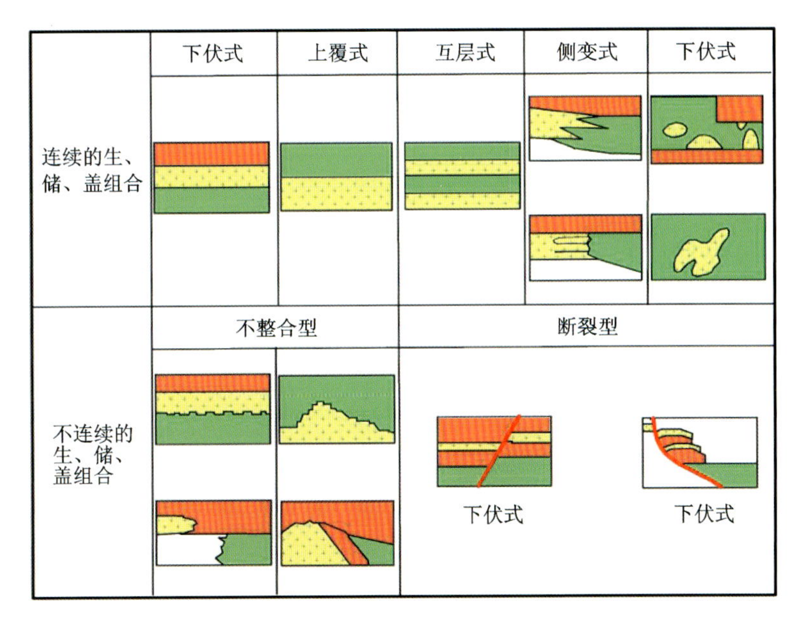

生、储、盖组合分类及模式图(据张成等,2019修改)

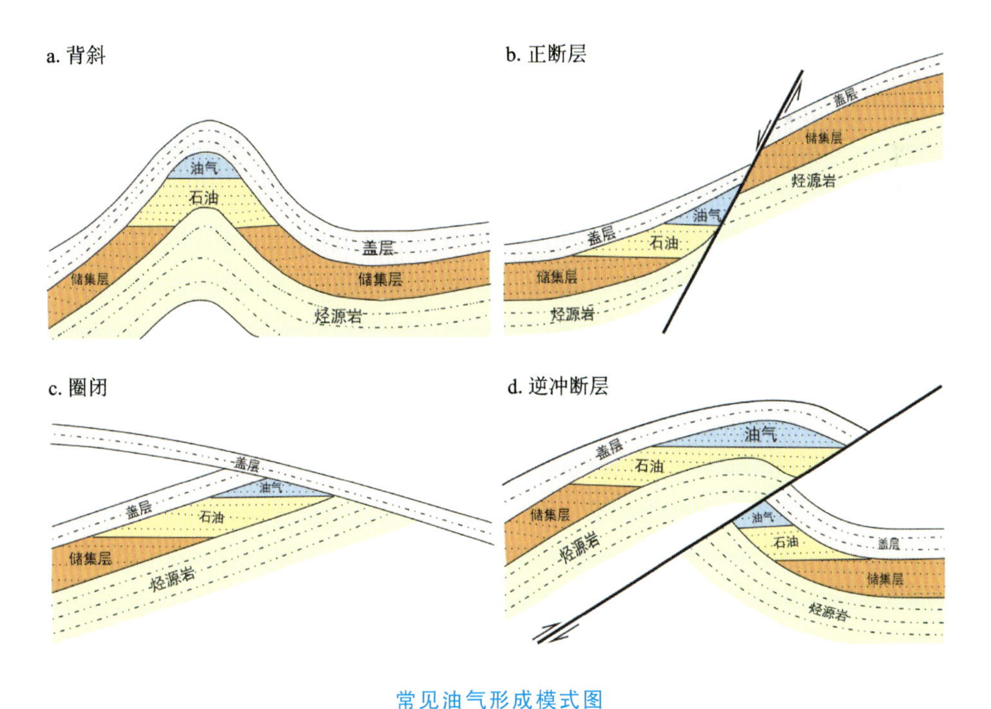

常见油气形成模式图

(来源:https://www.oil-gasportal.com/upstream/basic-concept/)

全球海洋油气资源分布及储量

从区域看，世界海上石油勘探开发形成“三湾两海两湖(内海)”的格局，“三湾”即波斯湾、墨西哥湾和几内亚湾，“两海”即北海和南海，“两湖(内海)”即里海和马拉开波湖。其中，波斯湾的沙特阿拉伯、卡塔尔和阿联酋，墨西哥湾的美国、墨西哥，里海沿岸的哈萨克斯坦、阿塞拜疆和伊朗，北海沿岸的英国和挪威，以及巴西、委内瑞拉、尼日利亚等，都是世界重要的海上油气勘探开发地。巴西近海、美国墨西哥湾、安哥拉和尼日利亚近海是备受关注的世界四大深海油区，集中了世界全部深海探井和深海新发现储量。20 世纪 70 年代到 21 世纪初，在世界海洋石油产量中，北海海域石油产量及其增长速率一直居各海域之首，2000 年产量达到峰值，为 3.2 亿 t；波斯湾石油产量缓慢增长，年产量保持在 2.1 亿～2.3 亿 t；墨西哥湾、巴西、西非等海域石油产量增长较快，年均增长超过 5.0%。

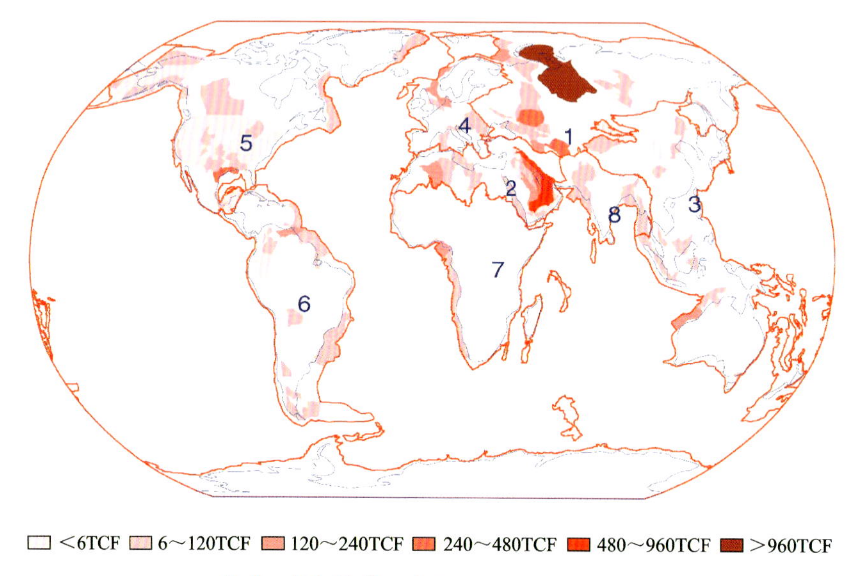

全球天然气储藏示意图(据 Ahlbrandt，2002)

注：1. 苏联；2. 中东和北非；3. 亚太地区；4. 亚洲；5. 北美洲；6. 中南美洲；7. 撒哈拉以南非洲和南极洲；8. 南亚；

TCF 是英制体积单位，trillions of cubic feet，即万亿立方英尺，1TCF＝283.17 亿 m^3。

我国海洋油气资源分布与储量

我国近海广阔的大陆架是大陆延伸在浅海的部分，它们既有长期的陆地湖泊环境，又有长期的浅海环境，接受了大量的有机物和泥沙沉积，形成了数千米至数万米厚的沉积层。我国近海油气资源之丰富，在世界上也是罕见的。我国近海大陆架面积为 130 万 km^2，其中大陆架海区含油气盆地面积近 70 万 km^2，约有 300 个可供勘探的沉积盆地，大、中型新生代沉积盆地共 18 个，其中有大型含油气盆地 10 个，分别为渤海盆地、北黄海盆地、南黄海盆地、东海盆地、台湾西部盆地、南海珠江口盆地、琼东南盆地、北部湾盆地、莺歌海盆地和台湾浅

滩盆地(金庆焕,2001)。

我国已探明的各种类型的储油构造有400余个。据专家估算,我国海洋石油资源量约350亿～400亿t,天然气资源量约15.79万亿m^3。油气主要分布在南海、东海、渤海和黄海,其中南海的开发前景较为广阔(崔木花等,2005)。

油气资源的勘探开发

海洋油气的勘探开发已有近半个世纪的发展历史,而我国海洋油气勘探起步相对较晚,总体经历了由浅水到深水的探索过程。

世界上第一口海上油井是1896年在美国加利福尼亚州的圣巴巴拉海峡,石油公司为开发由陆地延伸至海里的油田,首次从海中采出石油。真正意义上的海洋油气开发起于1947年,KerrMeGee石油公司在墨西哥湾水域中,利用钢质平台进行水上油气开采。此后,世界海洋油气生产无论是产量还是占世界油气总产量的份额均呈增长趋势(吴家鸣,2013)。

20世纪70—80年代是海洋油气勘探最为活跃的时期,该时期钻井平台和钻井技术迅速发展,海洋油气勘探范围进一步扩大,水深超过500m,成果最显著的是北海含油气区和墨西哥湾大陆架深水区油气资源开发。

据国际能源署(International Energy Agency,IEA)统计数据(吴林强等,2019),2017年全球海洋石油、天然气剩余技术可采储量分别为10 970亿桶和311万亿m^3,分别占全球油气剩余技术可采总量的32.81%和57.06%。从探明程度上看,海洋石油、天然气的储量探明率仅分别为23.70%和30.55%,尚处于勘探早期阶段。从水深分布来看,水深＜400m、水深400～2000m、水深＞2000m的石油探明率分别为28.05%、13.84%和7.69%,天然气探明率分别为38.55%、27.85%和7.55%。从开发利用情况来看,当前海洋石油、天然气的累计产量仅占剩余技术可采储量的29.8%和17.7%,低于陆上石油、天然气的39.4%和36.8%。其中,水深400～2000m、水深＞2000m的石油累计产量仅占其剩余技术可采储量的12%和2%,天然气累计产量仅占剩余技术可采储量的5%和0.4%。未来,海洋油气具有极大的资源潜力,是全球重要的油气接替区。

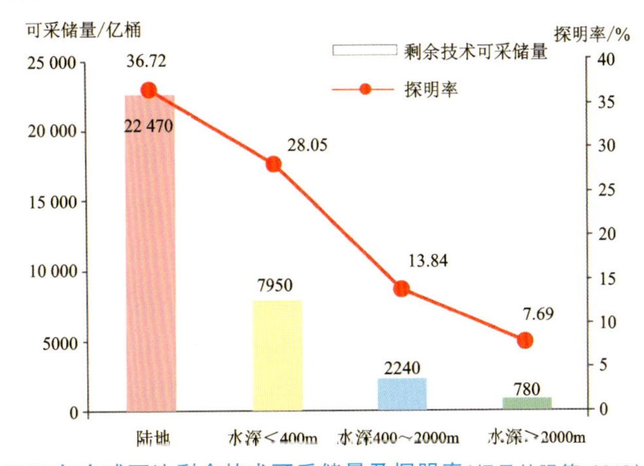

2017年全球石油剩余技术可采储量及探明率(据吴林强等,2019)

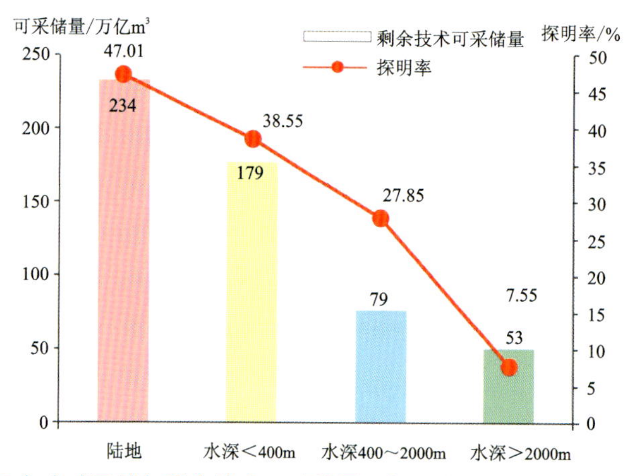

2017年全球天然气剩余技术可采储量及探明率(据吴林强等,2019)

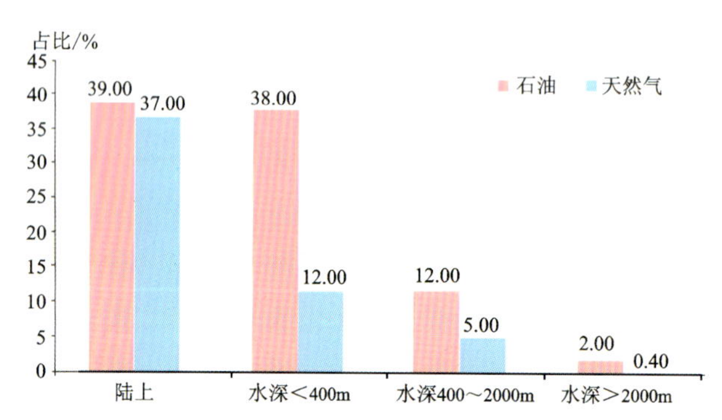

2017年全球油气累计产量在剩余技术可采储量中占比(据吴林强等,2019)

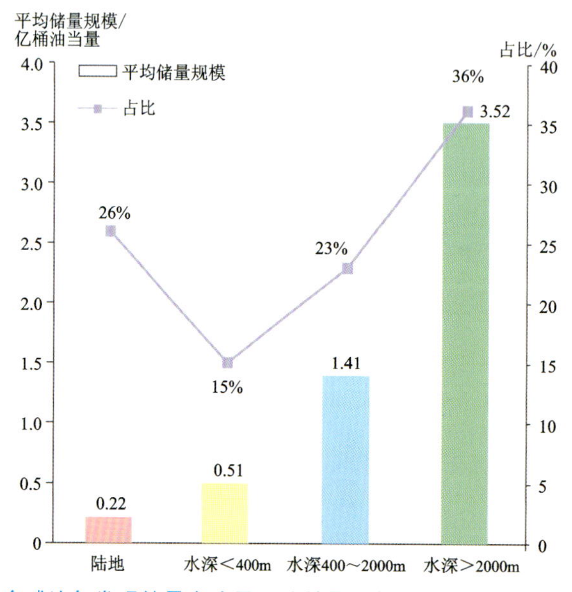

全球油气发现储量占比及平均储量规模(据吴林强等,2019)

我国近海的油气勘探始于20世纪50年代，石油工业部和地质部系统在濒海海域开展了区域综合地质地球物理普查。1960年以来，中国先后发现渤海、南黄海、东海陆架、珠江口、北部湾和莺歌海6个大型新生代沉积盆地，这些盆地大多发现了工业油气流(刘光鼎，2001)。1960年4月，在莺歌海盆地开钻了中国海上第一井——英冲一井，开采出了低硫、低蜡的原油。1966年，我国自制的第一座桩基式钻井平台在渤海1井开钻，井深2441m，日产35.2t原油、1941m^{3}天然气，这是我国第一口海上油气探井。20世纪70年代，由石油工业部和地质部系统在渤海、黄海、东海、南海北部等海域开展油气勘探，基本完成了中国近海各海域的区域地质勘查。这期间的油气勘探活动大多在浅水区域进行，采用简易平台采油，初创了中国海洋石油工业。

经过几十年的发展，我国已经建立起了完整的海洋石油工业体系，且技术水平、装备水平、作业能力和管理能力均处于亚洲前列。我国石油资源的平均探明率为38.9%，海洋仅为12.3%，远远低于世界平均探明率(73%)和美国探明率(75%)。我国天然气的平均探明率为23.0%，海洋为10.9%，而世界平均探明率在60.5%左右。从短期来看，目前我国海上已有1.8亿t净石油可采储量，海洋油气产量大约可占到石油总产量的11%，占原油进口量的29.7%。总体来说，勘探程度处于早中期阶段，除渤海的探明率达到约10%外，其他海域的探明率仅为5%～6%。

油气资源的重要意义

随着全球经济的快速增长，人们对能源的需求也不断上升，而陆上的油气勘探日趋成熟，新发现的油气藏规模越来越小，新增储量对世界油气储量增长的贡献也越来越低。相比之下，海洋油气资源潜力巨大。自2000年以来，全球海洋油气勘探开发步伐明显加快，海上油气新发现规模超过陆上，储产量持续增长，已成为全球油气资源的战略接替区。特别是随着海洋油气勘探新技术的不断应用和日臻成熟，全球已进入深水油气开发阶段，海洋油气勘探开发已成为全球石油行业主要投资领域之一(潘继平等，2006；江文荣等，2010；吴林强等，2019)。近年来，国际原油价格的不断攀升反映了世界各国对原油需求的增加，为石油开采向海洋发展注入了强大动力(吴家鸣，2013)。

随着技术的发展，深水油气产量和新增储量占比不断攀升。国际石油公司加大深水油气开发布局，并不断努力降低深水油气开采成本，深水油气已具备明显的竞争力。未来，全球海洋油气的投资规模将持续扩大，并步入数字化时代，海上风力发电与海洋油气的关系更加紧密，同时边际油田将在未来越来越受到关注。我国海洋油气发展面临机遇和挑战，应积极快速参与到全球海洋油气勘探开发项目中去，获取更多海外优质资源；制定我国深水油气资源发展战略，提升深水油气勘探开发能力；加强资源整合，加快推进油气业务数字化转型；统筹规划海洋空间利用和能源资源统一开发，协同发展海洋油气和海上风力发电产业。

2.3 天然气水合物

什么是天然气水合物？

天然气水合物，是由天然气与水分子在高压、低温条件下合成的一种类冰状的固态结晶物质。因天然气中80%～90%的成分是甲烷，故也有人称天然气水合物为甲烷气水包合物、甲烷水合物、甲烷水。它多呈白色或浅灰色晶体，外貌类似冰雪，可以像酒精块一样被点燃，故也有人称它为“可燃冰”。

实验室合成的天然气水合物和海底之下天然的天然气水合物(据蔡建明，2008)

在标准条件下(温度0℃，1个标准大气压下)，$1m^3$的天然气水合物可产生$164m^3$甲烷气和$0.8m^3$的水。它主要分布于洋底之下200～600m的深度范围，水越深越稳定。世界海洋天然气水合物中含有的甲烷气体总量为$2.1\times10^{15}m^3$，其能量密度约是煤、黑色页岩的10倍，是常规天然气的2～5倍，储量则是现有石油天然气储量的2倍，是世界年能耗的200倍，可满足人类1000年的需求(崔木花等，2005；艾海，2010；吴美仪，2018)。

天然气水合物的形成条件

天然气水合物的形成要具备 4 个条件。第一，低温，最佳温度是 0～10℃。第二，高压，压力应大于 10.1MPa。温度为 0℃时压力不低于 3MPa，相当于 300m 静水压力。在海里，天然气水合物也可在较高温度下形成，通常在水深 300～2000m 处(压力为 3～20MPa)，温度为 15～25℃时其仍然可形成并稳定存在，其成藏上限为海底面，下限位于海底以下 650m 左右，甚至可深达 1000m。第三，充足气源。等深流作用强的海域一般是天然气水合物的有利富集区，因等深流具有充足气源，如布莱克海台天然气水合物可能与等深流作用有关。阿拉斯加北坡和加拿大天然气水合物研究表明，热成因烃源岩对高丰度的天然气水合物形成是非常重要的。由此可见，气源是天然气水合物成藏富集的核心因素。第四，一定量的水。水是天然气水合物气体赋存笼形结构的物质主体，气体和水共同体才构成天然气水合物，故水是天然气水合物形成的重要物质之一(戴金星等，2017)。

天然气水合物的形态特征

天然气水合物的颜色多种多样，但以白色为主。如果天然气水合物中除了甲烷以外还含有较多的乙烷、丙烷等大分子量的气体，那么天然气水合物的颜色就可能是棕黄色，如墨西哥湾海底的棕黄色天然气水合物(Sassen et al.，1994)。

天然气水合物不仅颜色不同，而且形态各异。例如我国珠江口盆地东部海域的天然气水合物就有 5 种形态，分别是块状、薄层状、结核状、脉状以及分散状(张光学等，2014)，而在我国祁连山冻土区天然气水合物的形态呈白砂糖状(祝有海等，2020)。

美国墨西哥湾海底出露的棕黄色天然气水合物(据 Sassen et al.，1994)

珠江口盆地东部海域天然气水合物的5种形态(据张光学等,2014)

a、b. 块状;c、d. 薄层状;e、f. 结核状;g. 脉状;h. 分散状

天然气水合物产出区域伴随的地质特征

▶火焰状羽状流(flare - like plumes)

如果深海海底有天然气水合物,那么使用一种称之为多波束测深技术等设备可以看见海底面之上会出现一种像火焰一样的气泡羽状流,气泡羽状流是海底冷泉存在的一种表现(Ruppel,2011)。羽状流高度从几米到上千米都有,如俄罗斯黑海羽状流高度可达1300m。科学家解释说,这是由于气泡表面有一层天然气水合物的保护壳(Greinert et al.,2006)。

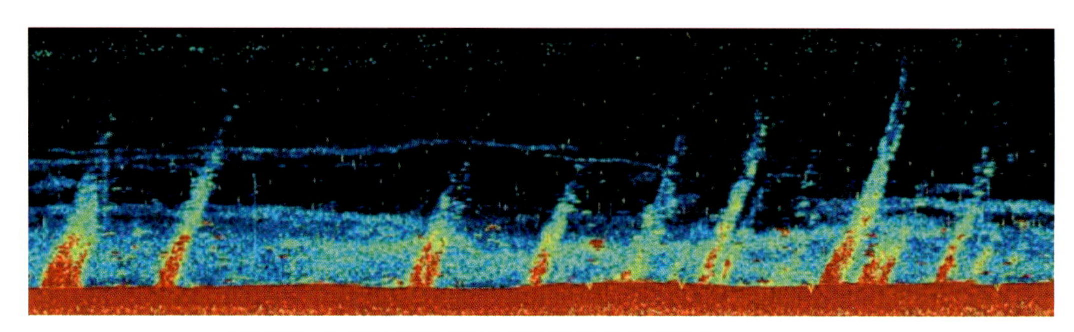

挪威斯瓦尔巴特群岛西部海域海底甲烷羽状流(据Ruppel,2011)

▶特殊生物

如果深海海底有天然气水合物,那么利用海底摄像、水下机器人等设备就有可能在海底

看见一些特殊的生物，如管状蠕虫、贻贝类、菌席等。我国南海海域也发现了上述特殊生物，它们的出现往往表明该区有可能存在天然气水合物。

存在可燃冰的海底表面的管状蠕虫、贻贝类及菌席

▶海底甲烷渗漏

如果深海海底有天然气水合物，那么利用水下机器人或其他调查设备就有可能在海底探查到气体渗漏现象。渗漏气体很可能来自海底之下天然气水合物的分解，气体成分主要为甲烷。海底渗漏区通常与管状蠕虫、贻贝类、菌席等特殊生物相伴。

巴伦支海海底天然气水合物分解后甲烷喷发情景(据 Sauter et al. ,2006)

▶海底麻坑和泥火山

如果深海海底有天然气水合物，那么利用多波束测浅技术或其他调查设备就有可能看见海底麻坑和泥火山。海底麻坑的直径在几米到几百米之间，甚至更大。海底泥火山通常高出周围海底几米到几十米，甚至更高。海底麻坑和泥火山是海底天然气水合物存在的间接标志（Krastel et al.，2003；蔡峰等，2011）。甚至有专家认为，海底麻坑是海底天然气水合物分解的气体向上喷发形成的（Nakajima et al.，2014）。

日本海东缘附近海底（麻坑地貌）之下天然气水合物岩芯照片（据龚建明，2018）

天然气水合物的分布及储量

虽然天然气水合物资源量巨大，但其受形成条件控制，分布并不均匀。全球已发现天然气水合物资源量中98%分布在海洋陆坡，仅有2%分布于大陆极地、冻土带、内陆海和湖泊（戴金星等，2017）。总的来说，其主要分布在两类地区（史斗和郑军卫，1999），一类地区是水深在500m以上的深海，天然气水合物在低温高压条件下赋存在海底以下0～700m的松散沉积层中；另一类是冻土区（主要是两极冻土区）。目前，全球共发现234处天然气水合物产地，在其中49处获得了天然气水合物样品（Kvenvolden，1988；龚建明，2018），如日本南海海槽、中国神狐海域、加拿大马利克冻土区、中国祁连山冻土区等。

中国在南海北部西沙海槽盆地、琼东南盆地、珠江口盆地和台西南盆地的深水区域，均发现了天然气水合物存在的地质、地球物理及地球化学证据，还在东海、台湾东部海域、南沙海槽和南沙海域发现了天然气水合物。在祁连山冻土带青海省木里地区，2008年以来多井钻获天然气水合物。羌塘盆地和东北漠河地区多年冻土区天然气水合物勘探也有良好显示。

有关资料表明，我国东海陆坡、南海北部陆坡、台湾东北和东海海域、冲绳海槽、东沙陆坡和南沙海槽等地均有天然气水合物产出的良好地质条件（董冰洁，2016）。大洋钻探计划ODP184航次在南海的钻探结果显示，南海存在天然气水合物化学异常，南海北部陆缘多处地震剖面上均识别出海底反射（Bottom Simulating Reflector，简称BSR）。专为天然气水合

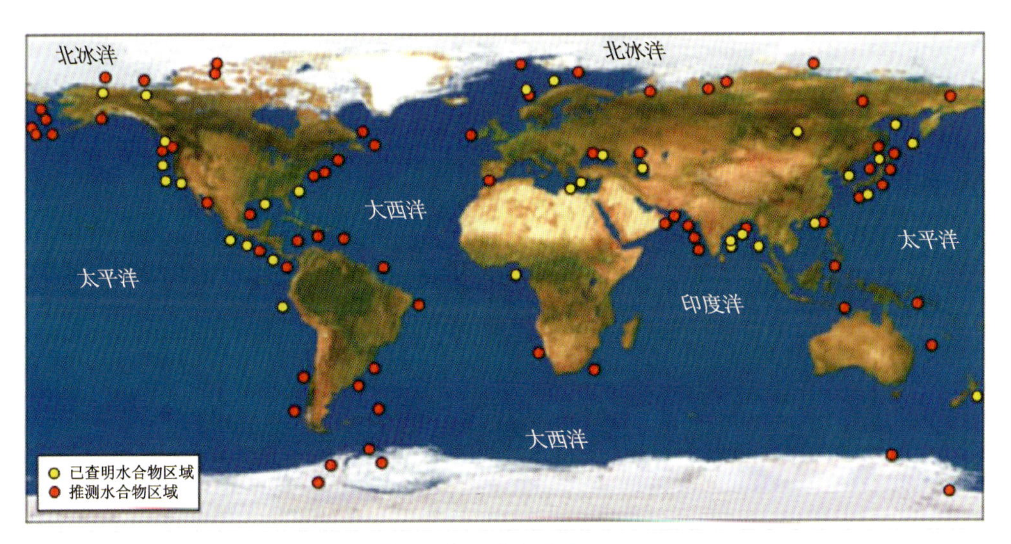

全球海域和冻土带天然气水合物分布图(据 Kvenvolden,2010)

物研究而在南海布设的地震测量剖面上也发现有明显的 BSR 显示。据有关人士测算,仅南海的天然气水合物资源量就达 700 亿 t 油当量,约相当于我国目前陆上油气资源量总数的 1/2。近年来,东海及邻近海域的天然气水合物研究与勘探工作正在进一步展开。

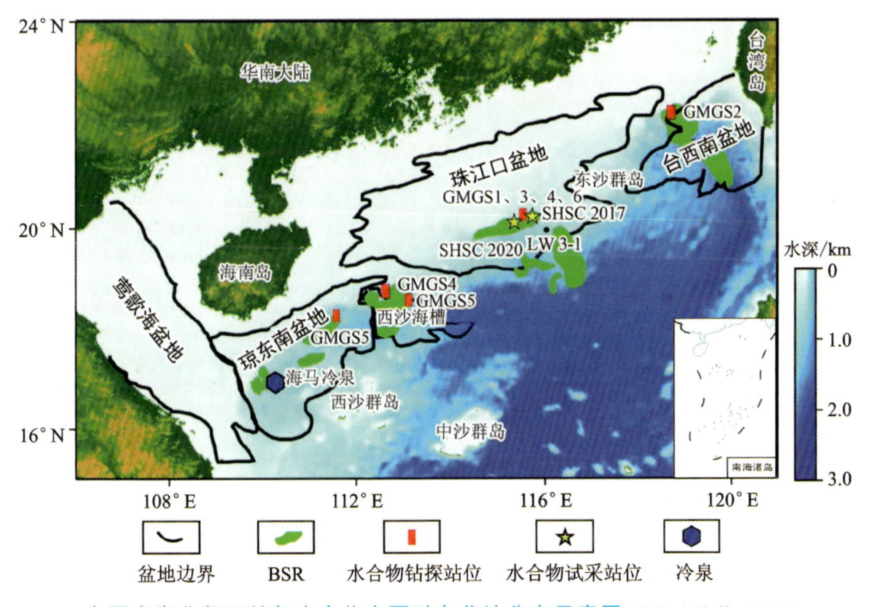

中国南海北部天然气水合物主要赋存盆地分布示意图(据祝有海等,2021)

全球天然气水合物蕴藏量巨大,国内外诸多学者对天然气水合物资源量进行了预测评估,目前引用得最多的是 Kvenvolden(1988)估算的 21×10^{15} m^3,但当时大多数的研究均假设天然气水合物存在于大部分大陆边缘。随着对天然气水合物的进一步勘探开发,学者发现含水合物沉积物的面积和天然气的分布都存在较大差异,对天然气水合物的储量有了更准确的估算,Milkov(2004)估算出全球天然气水合物储量为 2.5×10^{15} m^3。

中国海域天然气水合物分布与地质构造特征表(据宁伏龙等,2020)

区域	位置	烃源岩	气体运移条件	水合物稳定带厚度	主要证据
南海北部陆坡	东沙	渐近统及其上覆新近系与第四系海相泥岩、侏罗系近海陆相黑色页岩、白垩系近海陆相泥页岩、上渐新统—下中新统滨海—浅海相沉积岩	断层、气烟囱和滑塌等构造发育	110~320m,其中水合物层厚度为21~69m	钻探、地球物理地球化学预测,取得水合物样品
	神狐	古近系恩平组煤系、文昌组湖相沉积岩以及浅层新近系珠江组和韩江组	不整合面、断层、气烟囱、泥底辟	125~355m,其中水合物层厚度为10~80m	钻探、地球物理地球化学预测,取得水合物样品
	西沙海槽	渐新统海陆过渡相含煤泥岩	断层构造发育、地层沉积速率快、未经压实孔隙度大	120m	钻探、地球物理预测
南海北部陆坡	琼东南盆地	始新统中深湖相泥岩,渐新统崖城组、陵水组,中新统三亚组、梅山组和黄流组	断裂、褶皱、泥火山、底辟构造、滑塌构造、泥底辟发育	350m	钻探、地球物理预测,取得水合物样品
东海	冲绳海槽	第四系生物成因气和上新统—中新统热解成因气	断裂带发育	海槽北部,厚度小于50m;海槽中部及南部,厚度分别为25~115m和90~365m	钻探、地球物理预测,取得水合物样品

我国天然气水合物开发潜力巨大,天然气水合物主要集中在中国南海、东海及青藏高原等处。祝有海等(2021)综合多种资源量评估结果分析得出,南海天然气水合物资源量约为$64 \times 10^{12}\ m^3$,东海冲绳海槽约为$24 \times 10^{12}\ m^3$,陆域冻土区的保守资源量约为$38 \times 10^{12}\ m^3$,我国天然气水合物总资源量约是常规天然气资源量($63 \times 10^{12}\ m^3$)(李建忠等,2012)的2倍,占全球天然气水合物总资源量的0.06%。

天然气水合物的勘探开发

早在1992年,日本就开始关注天然气水合物的勘探与开采,到2007年已经基本完成对周边海域的天然气水合物调查与评估,钻探了7口探井,圈定了12块矿集区,并成功取得天然气水合物样本。目前,日本已对天然气水合物进行商业性试开采。

1997年,以美国为首主导的国际深海钻探计划及其后继的大洋钻探计划,在10个深海地区发现了大规模天然气水合物聚集区。一年后,美国把天然气水合物作为国家发展的战略能源列入国家级长远计划。

中国海域天然气水合物资源潜力估算表(据祝有海等,2021)

区域	地区	资源量/m^3	文献来源
南海	南海海域	64.3×10^{12}	姚伯初,2001
	南海海域	64.9×10^{12}	梁金强等,2006
	南海海域	6×10^{12}	葛倩等,2006
	南海海域	138×10^{12}	Trung,2012
	南海海域	69.3×10^{12}	于兴河等,2019
	琼东南盆地	1.6×10^{12}	陈多福等,2004
	琼东南盆地	5.7×10^{12}	刘杰等,2019
	南海北部	15×10^{12}	Wu et al.,2005
	南海北部	63×10^{12}	卢振权等,2007
	南海南部	23.2×10^{12}	王淑红等,2005
	南海南部	$17.3\times10^{12}\sim22\times10^{12}$	曾维平和周蒂,2003
	白云凹陷及周边	$8.7\times10^{12}\sim60.4\times10^{12}$	张树林,2007
	台西南盆地	$2.3\times10^{12}\sim13.8\times10^{12}$	毕海波等,2010
	台西南盆地	16×10^{12}	Chung et al.,2010
	神狐地区	1.6×10^{10}	Wu et al.,2010
	神狐地区	1.0×10^{11}	王秀娟等,2010
	东沙地区	$1.0\times10^{11}\sim1.5\times10^{11}$	沙志彬等,2015
东海	冲绳海槽	24.1×10^{12}	方银霞等,2001
	冲绳海槽	$2.0\times10^{12}\sim9.9\times10^{12}$	杨文达等,2004
	冲绳海槽	32.6×10^{12}	唐勇等,2005
	冲绳海槽	24×10^{12}	陈建文,2014

中国天然气水合物的研究和调查起步较晚,落后国外大约30年。20世纪80—90年代,主要为中国海域水合物调查做准备,广州海洋地质调查局于1999—2001年率先在南海北部西沙海槽区开展高分辨率多道地震调查。2002年,我国正式启动了"中国海域天然气水合物资源调查与评价"国家专项。

在天然气水合物试采方面,2017年5月10日—7月9日中国地质调查局在南海神狐海域首次进行天然气水合物试采,60d产气量超过$30.9\times10^4m^3$,此次天然气水合物开采试验创造了产气时长和总量的世界纪录(Ye et al.,2018)。2019年10月—2020年4月,中国地质调查局在南海水深1225m的神狐海域进行了第二次天然气水合物试采,实现连续产气30d,总产气量为$86.14\times10^4m^3$,日均产气量为$2.87\times10^4m^3/d$,是首次试采日均产气量的5.57倍,大大提高了日产气量和总产气量(叶建良等,2020)。

全球海域天然气水合物试采情况简表(据祝有海等,2021)

试采地点	试采时间	试采方法	试采井型	试采时长/d	最高日产量/m^3	总产气量/m^3
日本南海海槽	2013年	降压	单直井	64	2×10^4	12×10^4
	2017年	降压	直井(2井)	12+24	8330	23.5×10^4
中国南海神狐	2017年	降压	单直井	60	3.5×10^4	30.9×10^4
	2017年	固态硫化法	直井	10	—	81
	2020年	降压	水平井	30	2.87×10^4(平均)	86.14×10^4

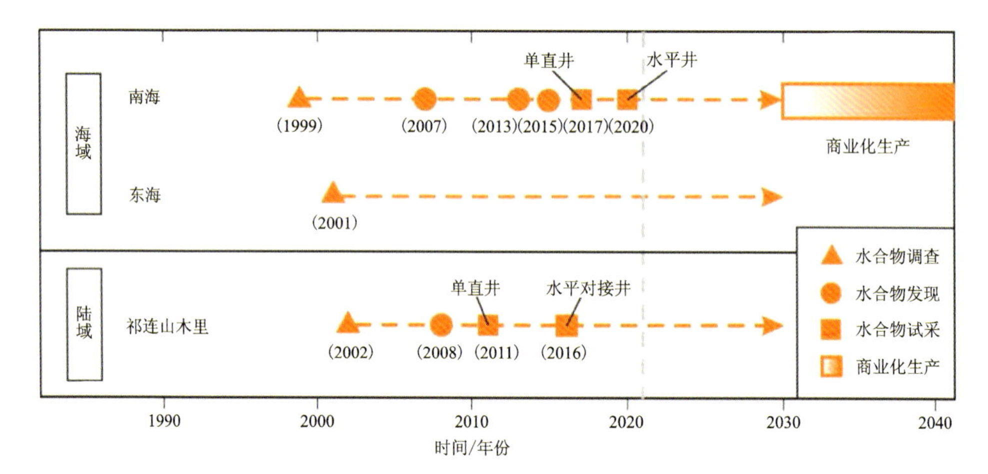

中国天然气水合物资源调查开发历程(据祝有海等,2021)

天然气水合物资源开发利用遵循“金字塔”的结构版图。传统上认为,位于金字塔塔尖的北极冻土区砂质储层中的水合物开采前景最好,海底砂质储层中的水合物次之,海底泥质粉砂储层中的水合物因低孔隙度、低渗透率而开采难度极大(Boswell and Collett,2006)。但也有学者认为2020年中国的第二次试采有可能使得位于金字塔塔基且资源量巨大的海底泥质粉砂储层的水合物成为未来的开发对象(祝有海等,2021)。

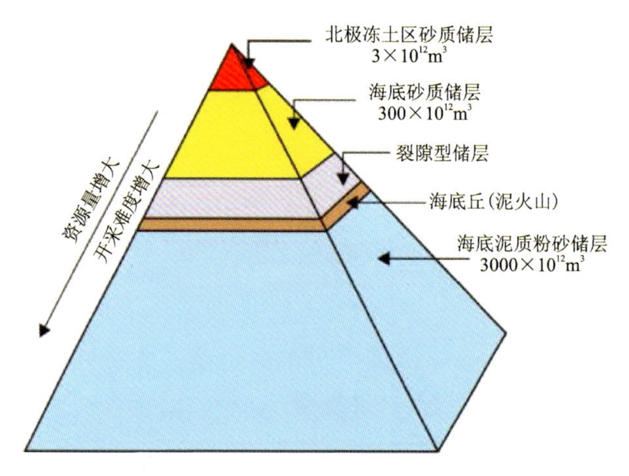

天然气水合物资源金字塔分类示意图(据 Boswell and Collett,2006 修改)

天然气水合物开采具有重要意义。

第一，天然气水合物资源量巨大。天然气水合物蕴藏的天然气资源潜力巨大，据估算，世界上天然气水合物中碳总量是地球上煤、石油、天然气等化石燃料中碳总量的2倍(Kvenvolden，1988)。据新闻报道，中国发现的天然气水合物资源量推测可供其使用200年。天然气水合物还具有能量密度高的特点，$1m^3$天然气水合物可以分解出$150 \sim 164m^3$的天然气(Sloan，1998)。因此，天然气水合物被称为“21世纪的替代能源”是当之无愧的。

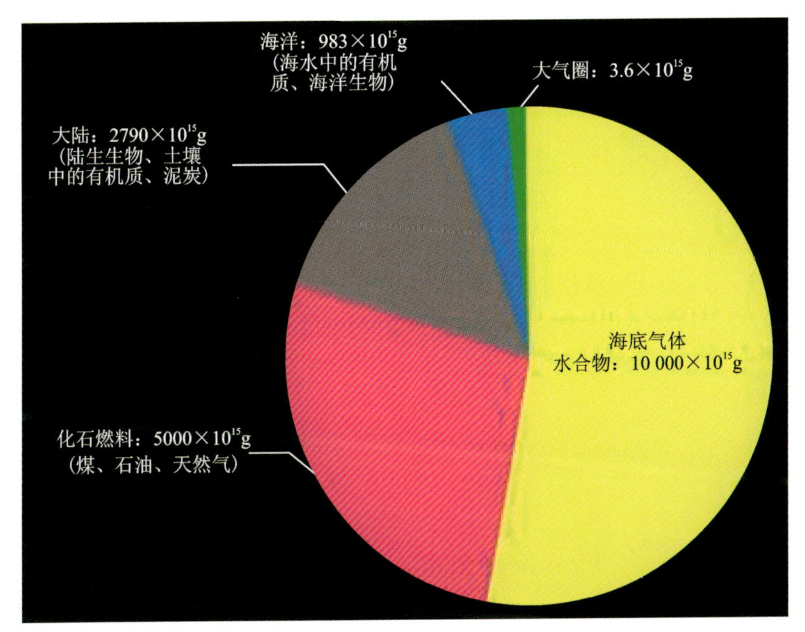

地球有机碳分布

第二，天然气水合物分解可能造成全球气候变化并引发海底地质灾害。CH_4导致温室效应的能力是CO_2的20多倍，天然气水合物中的甲烷大量释放到大气中，将对全球气候造成严重后果，同时可能会引发海底地质灾害，如海底滑坡(Kvenvolden，1999；Boswel et al.，2012)。海底滑坡会对深海油气钻探、输油管道、海底电缆等海底工程设施造成危害。另外，一旦天然气水合物分解出的大量甲烷气体进入海水，造成环境缺氧，会引起海洋生物的大量死亡，甚至灭绝。

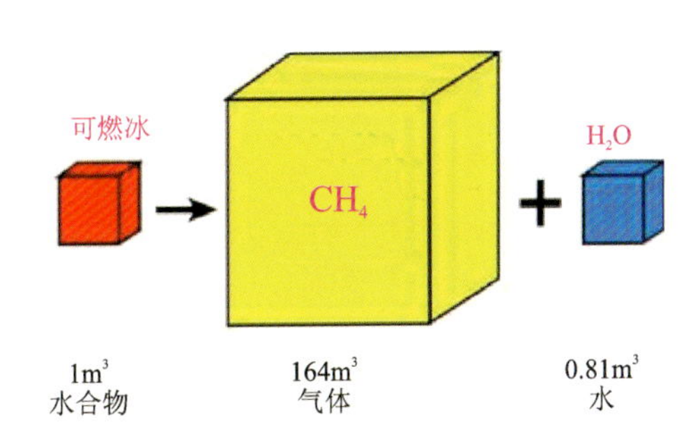

天然气水合物分解示意图(据Sloan，1998)

中国科学院院士汪品先谈到天然气水合物时指出，尽管要开采埋藏于深海的天然气水合物还面临着许多技术上的难题，这种矿藏哪怕受到最小的破坏，都足以导致甲烷气体的大量泄漏，造成海啸、海水毒化等灾害，但世界各国对这种未来能源的追求与争夺却并不亚于石油(艾海，2010)。

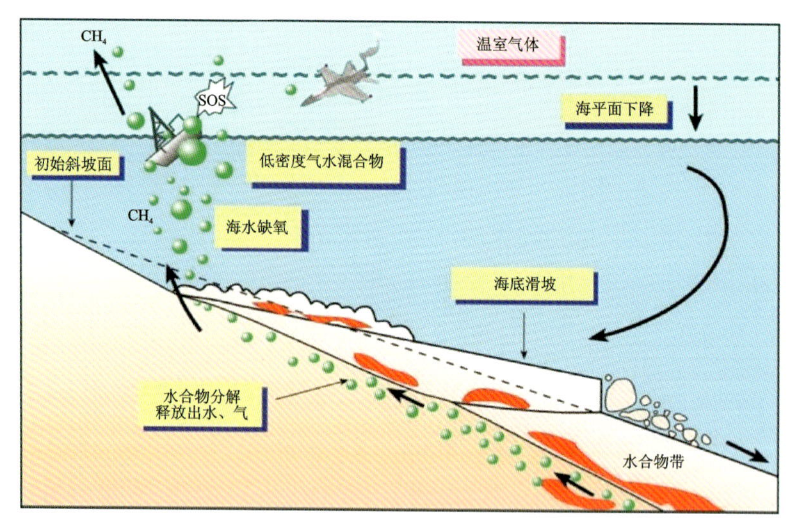

天然气水合物分解可能造成全球气候变化并引发海底地质灾害

（据 Kvenvolden，1999；Boswel et al.，2012）

2.4 海砂资源

海底砂矿资源泛指一切赋存于现代海洋陆架松散沉积物中的具有工业价值的砂矿资源，是在海水动力条件下，由于机械沉积分异作用陆源碎屑中的有用矿物富集而成的，简称海砂资源。经过波浪、潮汐等的反复淘洗作用以及沿岸流的反复分选，碎屑物或某有经济意义的重矿物在海滩的某些地带富集起来，形成有经济意义的近海砂矿。根据赋存位置，砂矿可分为滨海砂矿和浅海砂矿两类。滨海砂矿是指富集于现代海岸带和古海岸带松散沉积物中的砂矿，多为表层沉积矿产。浅海砂矿是指波基面（一般水深 10～20m）之下在潮汐、海流等水动力条件下富集于浅海海底松散沉积物中的表层沉积矿产和由于海平面上升埋藏于近代沉积物之下的古沉积砂矿。

海砂资源

海砂资源的形成

我国海岸线漫长，入海河流携带的含矿物质多，东部地区因经受多次地壳运动，岩浆活动频繁，形成了丰富的金属和非金属矿藏。这些含矿岩石风化后的碎屑物就近入海，在海流、潮流作用下，在海岸带沉积形成多矿种、资源丰富的砂矿带。我国海滨砂矿以海积砂矿为主，其次为海河混合堆积砂矿，多数矿体以共生-伴生组合形式存在，沙堤和沙嘴是海滨砂矿赋存的主要地貌单元（崔木花等，2005）。

近海砂矿物质来源主要为河流携带入海的陆源碎屑，砂矿种类与近区域的原岩密切相关。海底砂矿在成因上属于机械沉积矿床或砂矿床，成矿的陆源碎屑可以来源于原生矿床，也可以来源于岩浆岩、变质岩等岩石的副矿物或造岩矿物，以及古砂矿的再冲刷。成矿的主要搬运营力是拍岸浪和岸流作用等的机械分选作用（方长青等，2002）。

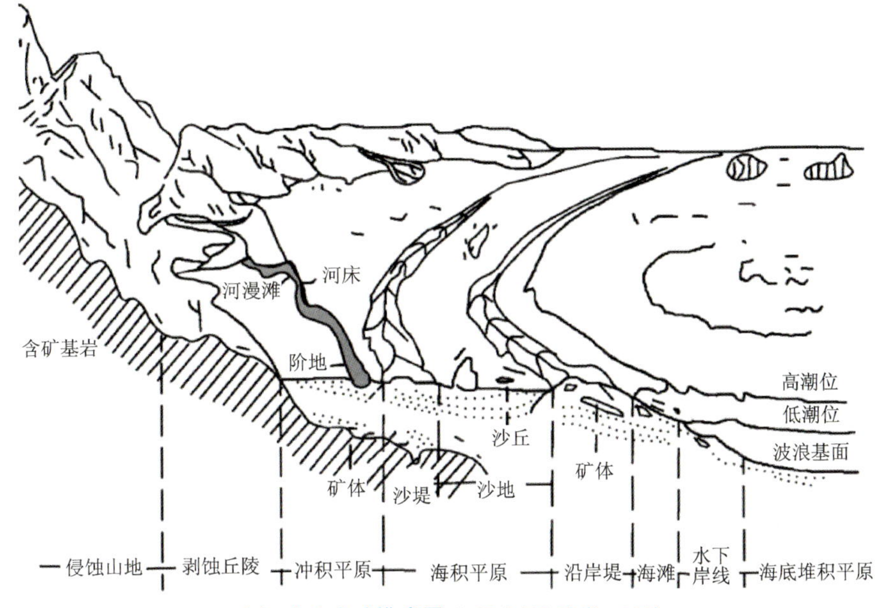

陆架砂矿成矿模式图（据谭启新和孙岩，1988）

海底砂矿的成矿控制因素有物源条件、气候与水动力条件、海岸类型和地貌条件、构造运动和海平面变化条件以及第四纪沉积作用等几个方面，它们相互作用和影响，共同决定了工业矿物经历原生赋存阶段、活化阶段、搬运阶段、富集成矿阶段和后生变化阶段，最终形成海底砂矿（张成等，2019）。

海砂资源的分类

海底砂矿资源类型众多，依据有用矿物成分、成因/地貌、形成时代、可搬运距离等，海底砂矿资源可分为多种类型。

海底砂矿分类表

分类依据	类型	主要矿种	参考来源
有用矿物成分	金属矿物	钛铁矿、金红石、锆石、磁铁矿（钛磁铁矿）等	高亚峰，2009
	稀有金属矿物	锡石、铌钽铁矿等	
	稀土矿物	独居石、磷钇矿等	
	贵金属矿物	砂金、金刚石、银、铂等	
	非金属矿物	石英砂、贝壳、琥珀等	
成因/地貌	残坡积成因	剥蚀平台、残丘	谭启新和孙岩，1988
	冲积成因	河床、河漫滩、阶地、埋藏河谷、冲积小平原	
	海积成因	海滩、沙堤、沙嘴、沙地、连岛沙堤、阶地	
	风积成因	沙丘	
	混合堆积	潟湖、河口滩积平原	
形成时代	古海底砂矿	抬升砂矿、埋藏砂矿（离现在海岸有一定距离的）	张成等，2019
	现代海底砂矿	晚全新世以来在现今岸线附近形成的海底砂矿	
可搬运距离	近源海底砂矿	密度大，易磨损，规模小，如金、锡、铬铁矿和铌钽铁矿等	张成等，2019
	远源海底砂矿	密度相对较小，抗磨蚀能力较大，如锆石、钛铁矿、金红石、磷钇矿、磁铁矿和金刚石等	

海砂资源的特点

海砂资源中的有用矿物可以是一些化学性能稳定、密度较大的重矿物（如金、铂、金刚石、锡石、钛铁矿、锆石、金红石、独居石和磁铁矿等），也可以是某些非金属矿物（如石英、贝壳等），可作为建筑材料进行开采。

海砂矿体通常赋存于流入线和流出线之间的海岸带附近，以及潮汐作用较强的浅海底。较老的砂矿受地壳运动或海平面升降的影响，构成阶地砂矿和滨海砂矿。

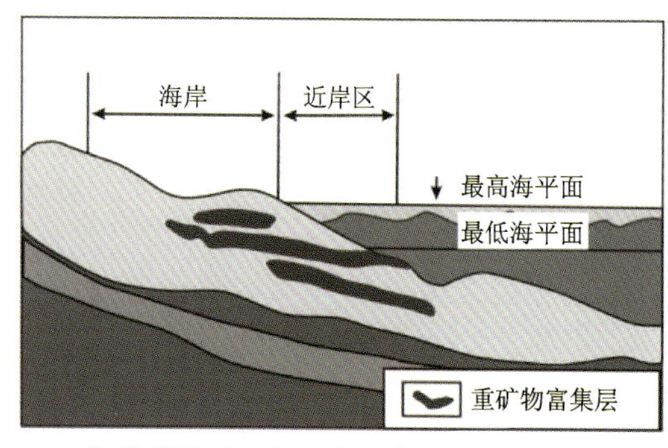

海岸带重砂矿物赋存系统（据张成等，2019）

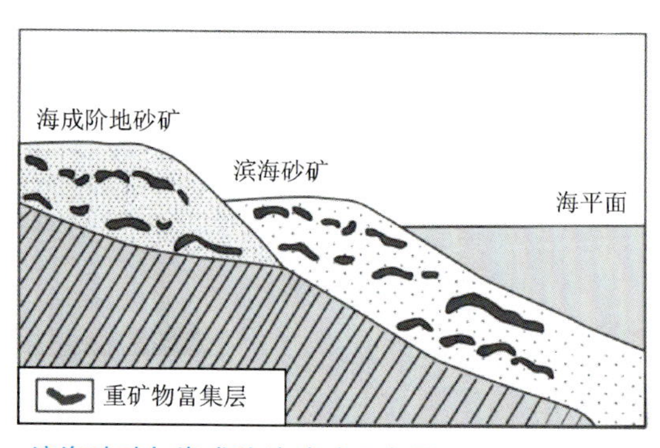

滨海砂矿与海成阶地砂矿示意图（据张成等，2019）

有用矿物通常聚集于分选较好的细粒砂岩中。矿床品位高，矿体松散，易于开采。例如美国佛罗里达州滨海砂钛矿床中，含钛的滨海砂比正常滨海砂细，富含微晶质的金红石、锐钛矿或板钛矿等含钛矿物。

矿体规模较大，矿层稳定，沿走向延伸可达几十千米到几百千米。矿体沿倾向多呈两端尖灭的透镜状，沿走向呈狭窄条带状。例如澳大利亚东海岸的金红石和锆石海滩砂矿宽13km，厚30～40m，沿走向延伸300km。

常见海砂资源特征及用途

常见的海砂资源的矿物成分有锆英石（锆石）、钛铁矿、金红石、独居石、石英砂等，常见海砂矿物特征及主要用途可见下表。

海砂资源的分布及储量

海砂资源广布于各大洲的沿海近岸陆架区，其地理分布具有显著的地域性差别。总体上，美国西北太平洋沿岸以富集钛铁矿、铬铁矿和锆石等工业矿种为主；澳大利亚和新西兰沿海陆架区以发育金红石、锆石、独居石和钛铁矿等工业矿种为主；西南非洲沿岸陆架区主要富集金刚石砂矿床，伴生金、铂、铬铁矿等；东南亚南部的印度尼西亚、泰国、马来西亚主要产出砂锡矿床；印度、斯里兰卡沿海陆架区主要富集金红石、锆石、独居石、钛铁矿等海底重矿物砂矿床，并伴生稀有金属砂矿；西北太平洋沿岸，特别是日本列岛富集磁铁矿海底砂矿床。

滨海砂矿主要分布在沿海的大陆架地区，包括重矿物砂矿、锡砂矿等（肖业祥等，2014），具有分布广泛、矿种多、储量大、工业品位要求低、开采方便、选矿简易、投资小等优点，其资源开发产值仅次于海底石油。海滨砂矿用途很广，在冶金、农业、环保、通信、食品和建材等方面具有广阔的应用前景。据统计，世界上96%的锆石、90%的金刚石和金红石、80%的独居石、30%的钛铁矿都来自滨海砂矿，因此许多国家都十分重视滨海砂矿的开发和利用。

我国目前已探明具有工业储量的滨海砂矿矿种有石英砂、锆石、独居石、磷钇矿、钛铁矿、锡石、磁铁矿、金红石、铬铁矿、铌钽铁矿、砂金矿以及少量的金刚石和砷铂矿等。

我国浅海海域的重矿物多达60余种，具有利用价值的远景矿种有锆石、钛铁矿、金红石、锐钛矿、独居石、磷钇矿和石榴子石等。

我国矿床和储量分布均不平衡，南多北少。广东和海南沿海的海底砂矿资源最多，集中了90%的滨海金属砂矿和82.7%的非金属砂矿，其次为台湾、山东、福建、广西等的沿海陆架区。这些地区的矿床具有规模大、矿种多、易于开采的特点（刘光鼎，2001）。

我国探明的海滨砂矿仅15.25亿t，其中海滨金属矿产为0.25亿t，包括钛铁矿、锆石、金红石、独居石、磷钇矿等。据统计，96%的锆石、90%以上的金红石、80%的独居石、75%的锡石和30%的钛铁矿都来自滨海砂矿，已探明的主要金属砂矿（不含锡石、铬铁矿、金砂和铂砂等）储量约为2377亿t。其中，钛铁矿储量多达10亿t，名列首位；其次为钛磁铁矿，储量约为8亿t；第三为磁铁矿，储量为1600万t；另外，锆石为2 263.5万t，金红石为1285万t，独居石为255 175万t（陈云龙和张振国，2007；肖业祥等，2014）。

常见海砂矿物特征及主要用途表

矿物名称(分子式)	主要成分	密度/$g \cdot cm^{-3}$	莫氏硬度	形态	颜色	特性	用途
锆石($ZrSiO_4$)	正硅酸锆，含$ZrO_2$67.1%	4～4.9	7～8	等轴立方晶系，常呈短小柱状	棕色或浅灰色或红色	无磁性或弱磁性，非导电性矿物，熔点达2750℃，耐酸腐蚀	约80%的锆石直接用于铸造工业、陶瓷、玻璃工业以及制造耐火材料；少量的锆石用于医药、油漆、制革、磨料、宝石加工，化工及核工业；极少量的锆石用于冶炼金属锆
钛铁矿($FeTiO_3$)	偏钛酸铁，含$TiO_3$52.7%	4.79	5～6.5	三方晶系	黑色或钢灰色	中、弱磁性，导电性矿物	①制造海绵钛；②制造钛铁合金；③制造钛白粉(包括硫酸法和氯化法)用于油漆工业；④制造人造金红石进而制造电焊条；⑤冶炼高炉炉膛
金红石(TiO_2)	理论成分$TiO_2$100%	4.2～4.3	6～6.5	四方晶系	暗红色或褐红色	无磁性或弱磁性，导电性矿物	①制取海绵钛；②制取高纯TiO_2，即钛白粉，广泛用于颜料工业；③制造电焊条
独居石[$(Ce,La,Y,Th)PO_4$]	磷铈镧矿	4.83～5.42	5	四方晶系	褐色、黄绿色或棕黄色	弱磁性，属非导电性矿物	用于提取镧、铈等稀土金属，广泛应用于制造压电材料、电热材料、热电材料、磁阻材料、发光材料、玻璃添加剂、汽车尾气净化催化剂、颜料(取代铅、镉等对环境和人类有害的金属)、涂料、油墨和纸张等行业
石英砂(SiO_2)	二氧化硅	2.65	7	架状结晶构造，硅氧四面体	无色、灰白色或以乳白色为主	无磁性，非导电性矿物	①玻璃工业(制造平板玻璃和玻璃器皿)；②耐火材料(硅砖)；③陶瓷电瓷；④机械铸造(型砂)；⑤化工原料(制水玻璃、泡花碱玻璃纤维)；⑥冶炼硅铁；⑦深加工为硅微粉用于涂料工业、橡胶和塑料工业(用作补强剂)、电子器件塑封材料等

滨海砂矿资源及主产地(据高亚峰等,2009)

分类	主产地
重矿物砂矿 (钛铁矿-金红石-锆石-独居石砂矿)	澳大利亚、新西兰、印度、斯里兰卡、塞内加尔、美国、毛里塔尼亚、冈比亚、南非、莫桑比克、埃及、巴西以及欧洲沿海国家
磁铁矿-钛磁铁矿	日本、新西兰、加拿大、德国、挪威
锡砂矿	美国、英国、缅甸、菲律宾、泰国、马来西亚、印度尼西亚
砂金-铂金砂矿	美国、俄罗斯、加拿大、智利、新西兰、澳大利亚、菲律宾、南非
金刚石砂矿	纳米比亚、南非、利比里亚、安哥拉
稀有、稀土矿物矿产	泰国、澳大利亚、印度、巴西
宝石砂矿	俄罗斯、波兰、德国、新西兰、南非北岸、科特迪瓦、越南、泰国、柬埔寨
石英砂、砾石	日本、英国、加拿大、美国

我国各省份滨海砂矿资源(据陈忠等,2006)

省份	矿床数量/处				主要矿种	伴生矿种	成因类型
	大型	中型	小型	矿点			
辽宁			2	9	锆石、金、金刚石、独居石、石榴子石	磷钇矿、钛铁矿、磁铁矿、金红石、独居石、铌钽铁矿	冲积、海积
河北				4	锆石、独居石	金红石、锡石	海积
山东	3	4	9	22	金、锆石、磁铁矿、石英砂、贝壳、球石	钛铁矿、磁铁矿、金红石、磷钇矿、铌钽铁矿	海积、冲积、风积、残坡积
江苏			1		石英砂		海积
浙江				4	锆石	独居石、钛铁矿、金红石	海积
福建	1	3	7	29	磁铁矿、锆石、独居石、钛铁矿、石英砂	钛铁矿、磁铁矿、金红石、独居石、磷钇矿	海积、风积
广东	3	23	54	57	独居石、锆石、钛铁矿、褐钇铌矿、金、磷钇矿、锡石、石英砂	锆石、钛铁矿、金红石、磁铁矿、独居石、锡石、铌钽铁矿、磷钇矿、金	冲积、海积
广西	4	2	5	2	磁铁矿、钛铁矿、铌钽铁矿、石英砂	钛铁矿、铬铁矿、独居石、金红石、锆石、砷铂矿、磷钇矿、褐锡铌矿	海积、风积
海南	10	25	37	57	锆石、钛铁矿、金红石、独居石、铬铁矿、石英砂	金红石、铬铁矿、独居石、铌钽铁矿、锡石、砷铂矿、磷钇矿、褐锡铌矿	海积、冲积、风积、残坡积
台湾					钛铁矿、独居石、锆石	锆石	海积

海砂资源的成矿远景

海底砂矿成矿主要受母岩类型、气候和水动力条件、海岸和地貌类型、沉积作用和成矿时代以及构造运动与海平面变化的控制。根据砂矿的分布规律、大地构造背景、成矿条件以及成矿元素特征，我国海砂资源可分为3个成矿带。

华北砂金、金刚石砂矿成矿带：主要矿种有金、金刚石，其次为锆石、独居石、磁铁矿、石英砂等。

华南有色、稀有、稀土金属砂矿成矿带：矿种为锡石、锆石、独居石、磷、钇矿、铌钽铁矿、钛铁矿、砂金、石英砂等。

南海南部巽他陆架砂矿成矿带：有用矿物为锆石、钛铁矿、独居石、金红石和石榴子石等。

根据砂矿的分布和富集特征及共生组合特点，我国的砂矿资源可细划分为24个成矿远景区：①辽东半岛北黄海砂金-锆石矿远景区；②复州湾金刚石矿远景区；③辽东湾重矿物远景区；④莱州-龙口砂金、石英砂远景区；⑤蓬莱石英砂远景区；⑥烟台-牟平石英砂远景区；⑦威海-石岛石英砂-锆石远景区；⑧乳山-海阳锆石远景区；⑨青岛石英-锆石远景区；⑩日照石英-锆石-金红石、钛铁矿远景区；⑪闽南-粤东玻璃石英砂远景区；⑫粤东饶平-陆丰锆石-钛铁矿远景区；⑬粤中海丰-泰山锡石-铌钽铁矿远景区；⑭粤西阳江-吴川独居石-磷钇矿远景区；⑮雷琼徐闻-琼北钛铁矿-锆石远景区；⑯琼东南沿岸钛铁矿-锆石远景区；⑰桂西南北海-珍珠港钛铁矿-锆石-石英砂远景区；⑱琼南钛铁矿-锆石远景区；⑲湄公河口外锆石-石榴子石远景区；⑳巽他陆架锆石-独居石-钛铁矿远景区；㉑南沙海槽南钛铁矿-锆石-金红石远景区；㉒台西北磁铁矿-石英砂-稀有金属砂矿远景区；㉓台西南稀有金属-磁铁矿-钛铁矿远景区；㉔冲绳海槽西钛铁矿-石榴子石-锆石远景区。

海砂资源的勘探开发

近几十年来，随着海砂资源开发技术的发展，海洋沿岸及大陆架浅海区砂矿成为矿业中具有重要经济价值的矿产资源。现已探明的海底砂矿广泛分布于澳大利亚、印度、新西兰、美国、东南亚、加拿大、日本、俄罗斯、英国、南非等国家和地区。

英国、法国、加拿大和日本是世界开展滨、浅海砂砾石矿产资源研究与利用最先进的国家。这些国家在20世纪50—60年代的工业化时期对建筑砂砾石矿产资源就有巨大的需求，并且都拥有广阔的海域，非常重视海洋资源的利用。近年来，世界各国普遍重视海洋砂砾石资源开采，并因此制定和规划产业发展政策，指导砂砾石资源利用的良性循环。

我国有悠久的砂矿开发历史，但真正开始海底砂矿调查研究是在新中国成立后。海底砂矿调查研究大致可分为实践探索期(20世纪50—60年代)和深入总结期(20世纪70年代以来)两个主要发展期。深入总结期发现了一批包括金、金刚石、锡砂矿在内的国家急需的砂矿远景区，在浅海圈出40余个重矿物异常区，注重成矿规律、成矿理论研究(孙岩和韩昌甫，1999)。我国同其他国家相比，在海底砂矿资源勘查与研发方面还存在一定差距，砂矿调

查范围总体侧重于近岸,海底砂矿生产也仅限于滨岸,砂矿大多为中小型,多数采矿场年产量"徘徊"在几千吨到万吨以内。在开采手段上,我国用机械、半机械化采矿工具较多,选矿工艺较简单。进入21世纪以来,我国在海底砂矿资源勘查与开发方面加大了人员和资金投入力度,以高科技为支撑,发展海洋勘查的测试技术,通过加强对以往海区调查资料的再研究,建立滨海砂矿勘查试验区,并且成立滨海砂矿评价专业技术队伍等,正在逐步缩小与其他国家的差距。

海砂资源的重要意义

滨海固体矿产资源的开发已有数百年历史,但正在获取的或可能获取的更多的是重矿物、砂、砾石、贝壳等。随着陆地资源不断被开采和消耗,人们逐渐把目光投向海洋。滨海和浅海是海洋固体矿产资源成矿的有利区域,滨海砂矿中很多矿种都是半导体工业、宇航工业和原子能工业所不可缺少的材料(刘光鼎,2001)。现今已被开采利用的30余种砂矿资源,不论在储量还是开采量都在世界固体矿产储量表中有相当重要的位置。海底砂矿资源已成为仅次于海底石油和天然气资源位居第二的潜在海洋矿产资源宝库。

海砂资源是一种重要的海洋生态环境要素,它与海水、岩石、生物以及地形、地貌等要素一起构成了海洋生态的平衡。合理地开发利用海砂资源有利于经济建设,可促进海洋经济的发展。

2.5 多金属结核

多金属结核也称锰结核(或锰矿球、铁锰结核、结核等),是20世纪70年代才大量发现的一种深海矿产。它是一种铁、锰氧化物的集合体,含有锰、铁、镍、钴、铜等20余种元素,颜色常为黑色或褐黑色,已成为深海的一种标志性矿产(肖业祥等,2014)。

多金属结核的形成

多金属结核的形成过程主要受水成和成岩两种沉淀过程的控制,两种沉淀物质围绕着海底硬质核心(包括岩石碎屑、鲨鱼牙等)不断沉淀并持续生长,最终形成球状、椭球状、菜花状、连生体状等不同形态类型的多金属结核。

多金属结核

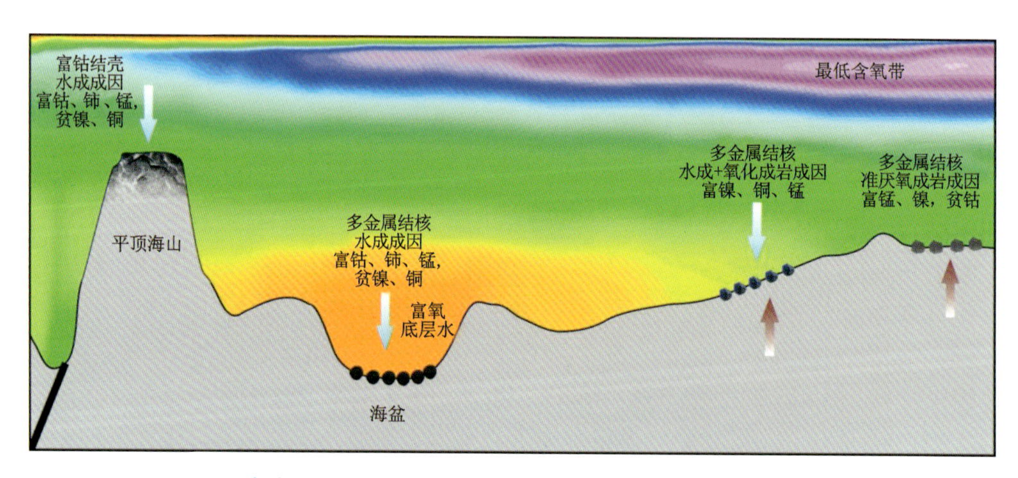

多金属结核和富钴结壳成矿模式图(据石学法等,2021)

多金属结核的形态特征

多金属结核的颜色为黑色或褐黑色，与结核的类型有关。一般来说，粗糙型结核颜色较深，常富含锰，一般为黑色；光滑性结核颜色稍浅，多富含铁，为褐黑色。

结核千姿百态，有球形、似球形、对称或不对称椭球形、多核连生体、棱角状等，形态主要受核心物质的原始形态和结核所处的沉积与生长环境影响。结核粒径大小变化悬殊，从几微米的微结核到数十厘米的大结核都有。

多金属结核的表面特征可分为光滑与粗糙两种类型。其表面形态与其埋藏状态有关，通常暴露型结核表面光滑，埋藏型结核表面粗糙，半埋藏型结核顶面光滑，底面粗糙(冯雅丽和李浩然，2004)。

多金属结核的分布及储量

多金属结核分布于80%的深海盆地表面或浅层（Rona et al.，2004；崔木花等，2005），以中生代或浅层的深海盆地表层为主，主要分布在水深2000～6000m的海底表层，以水深大于3000m的海区分布最多，包括太平洋、印度洋以及部分大西洋海盆。据估算，全球大洋底多金属结核资源总量为3万亿t，仅太平洋就约有1.7万亿t，具有较高的经济价值，被认为可能是海底分布最广、储量最大的金属资源（刘永刚等，2014）。太平洋多金属结核的8个富集区分别为克拉里昂-克里帕顿（CC区）、中太平洋、威克-内克、夏威夷、加利福尼亚、南太平洋、米纳德、德雷克水道-斯科舍海。

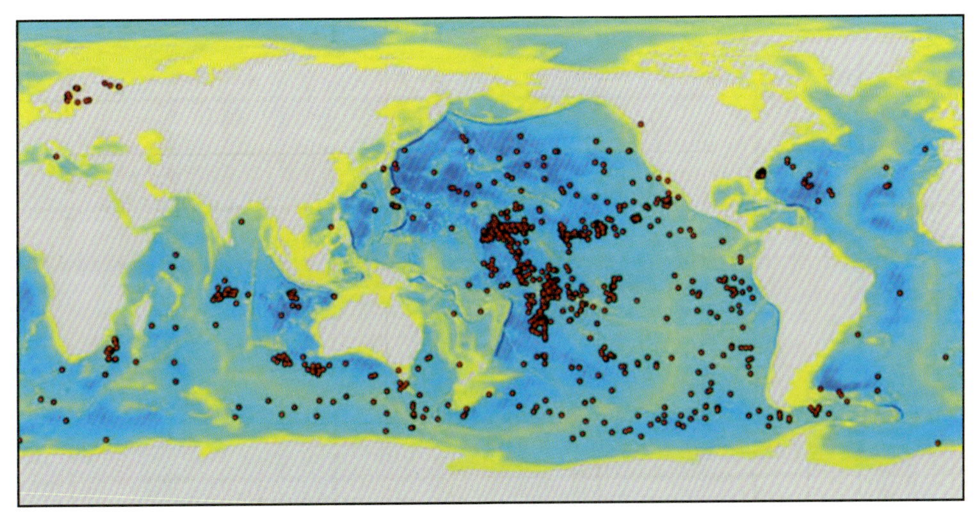

多金属结核矿点全球分布示意图（据刘永刚等，2014）

黄海、东海的多金属结核是高铁氧化物结核，形态比南海的简单，有用金属含量也比南海的少。南海是我国铁锰氧化物最丰富和最有开发利用潜力的边缘海。南海的铁锰氧化物根据产出形式和大小，可分为3种类型，即铁锰结核、铁锰结壳以及微结核（<1mm）。南海铁锰结核分布在北部湾、东北陆坡和深海盆。

据初步调查，每平方米的海底约有60kg的多金属结核。锰结核中50%以上是氧化铁和氧化锰，还含有镍、铜、钴、钼等20多种元素。如果按照目前世界金属消耗水平来计算，在太平洋底的锰结核的金属储量中，铜可供应600年，镍可供应15 000年，锰可供应24 000年，钴甚至可供应13万年，不仅如此，锰结核增长很快，每年以1000万t的速度在不断堆积，是人类取之不尽的“自生矿物”（艾海，2010）。

多金属结核的勘探开发

从20世纪60年代起，美国、苏联、日本、法国等国相继在中、东太平洋开展了大规模的调查研究，获取了大量的资料。从1983年开始，海金联、苏联、日本、法国、中国、韩国、德国

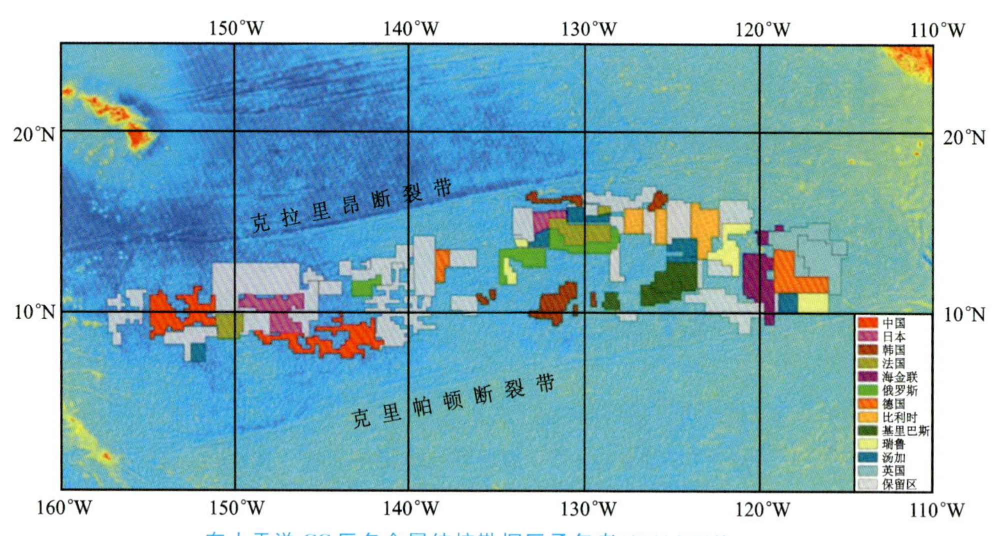

东太平洋 CC 区多金属结核勘探区承包者(据刘永刚等,2014)

注:国际海洋金属联合组织(IOM)简称海金联。

等先后向国际海底管理局申请成为先驱投资者,在东太平洋 CC 区获得多金属结核开辟区,并与国际海底管理局签订了勘探合同。从"十二五"时期开始,我国面临的国际海底竞争局势发生了变化。截至 2013 年底,多金属结核矿区承包者数量急剧增加至 12 个,新加坡、库克群岛也提交了矿区申请并等待审议,原先的多金属结核保留区逐渐被瓜分(刘永刚等,2014)。

自 20 世纪 70 年代以来,我国政府有关部门相继展开了大洋海底资源的勘查活动,并制订了大洋多金属结核资源调查开发研究计划。国家海洋局和地质矿产部等部门先后在太平洋赤道水域、中太平洋海盆和东太平洋海盆进行了数十个航次的调查研究,调查面积达 200 万 km^2,监测站达数千个,取得了大量的数据、资料和样品,圈出了 30 万 km^2 具有商业开发价值远景矿区,联合国已批准其中 15 万 km^2 作为我国的开发区域。

我国于 1990 年 8 月向联合国和平利用国家管辖范围以外海床洋底委员会(简称联合国海底委员会)提出了矿区申请,分别于 2001 年和 2011 年取得了位于东太平洋国际海底区的约 7.5 万 km^2 多金属结核资源合同区和西南印度洋国际海底区的约 1 万 km^2 多金属硫化物资源矿区的专属勘探权及优先开发权。2013 年 7 月,中国正式获得太平洋富钴结壳区,这是中国大洋矿产资源研究开发协会在国际海底区域获得的第三块矿区(肖业祥等,2014)。

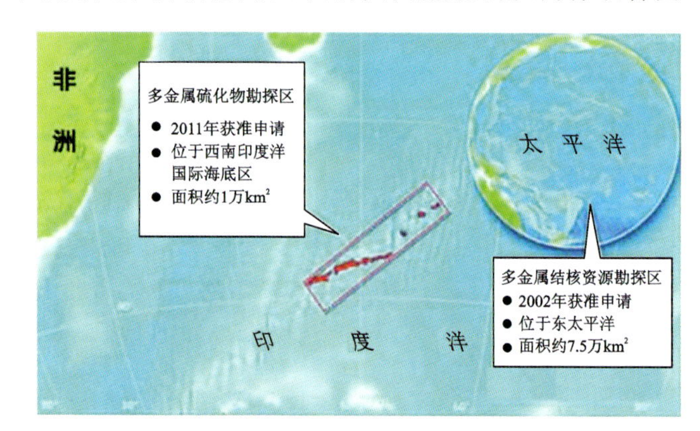

中国深海多金属结核矿区分布示意图

(据肖业祥等,2014)

多金属结核的重要意义

全球绿色能源、高新技术和可再生能源产业的蓬勃发展使得国际上对关键稀有金属资源的需求激增。深海多金属结核资源富含多种关键稀有金属元素，加上采矿、选冶等技术设备日趋成熟，其开发前景近年来再次引起关注。

我国在2016年发布《全国矿产资源规划(2016—2020)》列出了24种对于保障国家经济安全、国防安全和战略性新兴产业发展的战略性矿产目录，深海多金属结核资源富含其中10余种具有综合利用前景的金属元素。深海多金属结核资源中分别有13种、9种、8种金属被分别列入美国、欧盟和中国的战略或者关键金属矿产名录中，深海多金属结核勘探开发为国家经济发展提供了重要的战略保障(初凤友等，2021)。

2.6 富钴结壳

富钴结壳是在海洋岩石圈、水圈、地壳和地幔等圈层长期作用下，由铁锰氧化物沉淀在海山坚硬基岩上形成的富含多种金属元素的壳状沉积铁锰矿床。富钴结壳主要发育于海平面以下800～3500m无沉积物覆盖的大洋海底海山、海脊、海台斜坡和顶部(Halbach et al.，1982；Glasby et al.，2015；姚会强等，2018；杨燕子和陈华勇，2021；石学法等，2021)。它是一种多金属矿物原料，成分与多金属结核接近，含钴、镍、锰、铁、铜、铂等元素，并含有其他有色金属、贵金属以及稀有元素和稀土元素。据估计，一个海山的一个矿点的钴产量就可达每年全球钴需求量的25%。在南海的海山上也发现富钴(锰)结壳。富钴结壳分布水深较浅，相对容易开采，越来越引起人们的关注(崔木花等，2005)。

富钴结壳

海山上富钴结壳的分布复杂多变，影响因素包括海山形态、水流模式、基岩类型、水深以及海洋表面生物生产力变化等。

富钴结壳在太平洋、大西洋和印度洋的海底均有分布，其中以太平洋居多，而在太平洋的广大海域中，西太平洋、中太平洋海山区是富钴结壳的主要产出区，主要包括麦哲伦海山区、马尔库斯-威克海山区、马绍尔海山区、中太平洋海山区、夏威夷海岭、莱恩海山区等几座大型海山链，这些区域是各国进行富钴结壳资源勘查的重点海区。俄罗斯、韩国、日本、中国等国家都在这些海区及周边海域开展了大量的调查研究工作。相较而言，无论在富钴结壳厚度还是金属钴含量方面，这些海山区的富钴结壳质量都明显优于其他海山区。

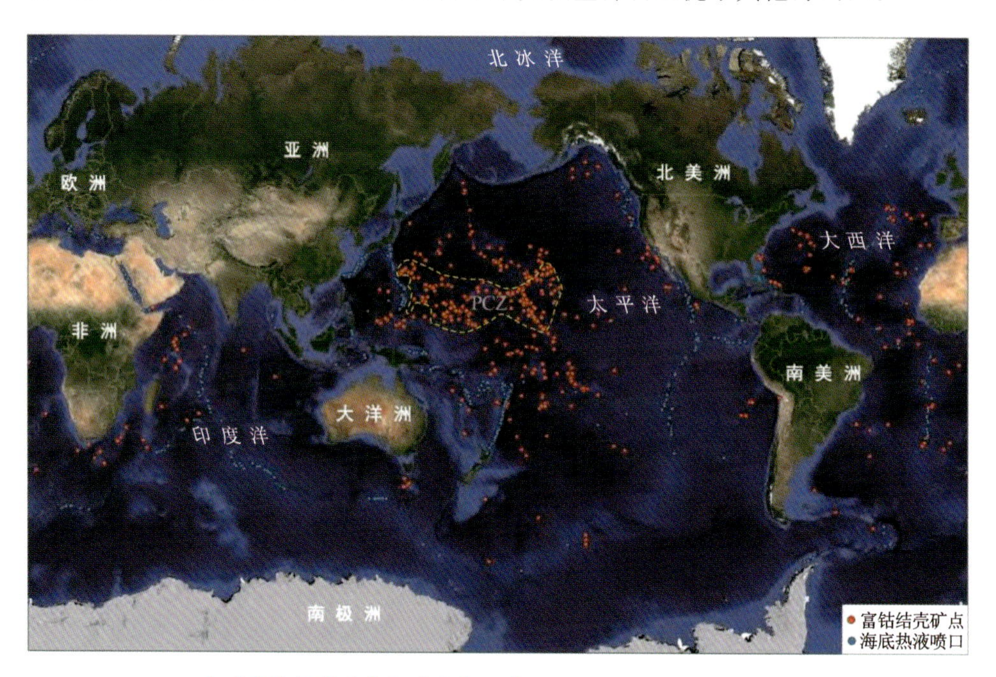

全球富钴结壳矿点全球分布示意图(据杨燕子和陈华勇，2021)

富钴结壳矿点在不同地貌类型的分布特征(据刘永刚等，2014)　　单位：处

地貌类型	大洋	数量	地貌特征
海山	太平洋	611	主要包括 Michelson 海脊、Marcus Wake 海山、Magellan 海山区、Marshall 海山、Caroline 海山、Shatsky 海脊、Emperor 海岭、Mid Pacific 海山、Line 海山、Musician 海山、Gulf of Alaska 海山区、Maninhiki 海底高原、Tuamotu 海山区、Nazca 海岭、Tasman 海隆等
	大西洋	56	主要包括 New England 海山、Santos 海底平原、Rio Grande 海底高原、Falkland 海底高原等
	印度洋	33	主要包括 Mozambique 海底高原、Agulhas 海底高原、Madagascar 海山
洋脊	太平洋	13	主要为东太平洋海隆
	大西洋	43	主要为大西洋中脊
	印度洋	7	主要包括中印度洋中脊、西南印度洋中脊以及 Carlsbeng 洋脊等

续表

地貌类型	大洋	数量	地貌特征
海盆	太平洋	40	主要包括西北太平洋海盆、中太平洋海盆、西南太平洋海盆、东太平洋海盆以及 Penrhyn 海盆等
	大西洋	10	主要包括 Nares 深海平原
	印度洋	1	Madagascar 海盆
大陆坡	太平洋	9	主要包括北美西部大陆坡以及南美西部大陆坡
	大西洋	10	主要包括北美东南部大陆坡以及非洲大陆坡
	印度洋	0	

2.7 多金属硫化物

多金属硫化物是海底高温热液活动的产物，富含铜、铅、锌、金、银等金属元素，一般位于 2000～3000m 水深的大洋中脊区，是一种重要的海底金属矿床资源。据估算，全球海底多金属硫化物中金属资源量约 6×10^{8} t。海底硫化物主要分布于大洋中脊和弧后扩张中心，至今已在世界洋底发现 700 多处热液区，其中约 65%分布在洋中脊，约 22%分布在弧后盆地，约 12%分布在火山弧，另外约 1%分布在板内火山上（崔木花等，2005；肖业祥等，2014；石学法等，2021）。多金属硫化物常与高温高盐的热卤水伴生，多产于深海区的构造活动带，矿石以块状或软泥状的形式存在。多金属硫化物含有金、银等贵重金属，近年来越来越受到各国的重视。从某种意义来说，多金属硫化物比锰结核具有更大潜在经济价值。

多金属硫化物

多金属硫化物是继大洋多金属结核、富钴结壳外的又一种新型海底金属矿物资源，大量出现在 2500m 水深附近。单个硫化物矿床矿体的资源量高达 1×10^{8} t，资源潜力十分可观。

从地理环境来看，多金属硫化物矿床主要分布于太平洋、大西洋和印度洋。太平洋是多金属硫化物的主分布区，主要集中于东太平洋洋隆、西太平洋火山弧和西南太平洋火山弧等；大西洋的多金属硫化物主要分布于赤道以北的大西洋中脊；印度洋的多金属硫化物主要分布于印度洋洋脊，集中于三联点附近；此外，北冰洋洋脊、红海、地中海也有少量多金属硫化物矿化点分布。

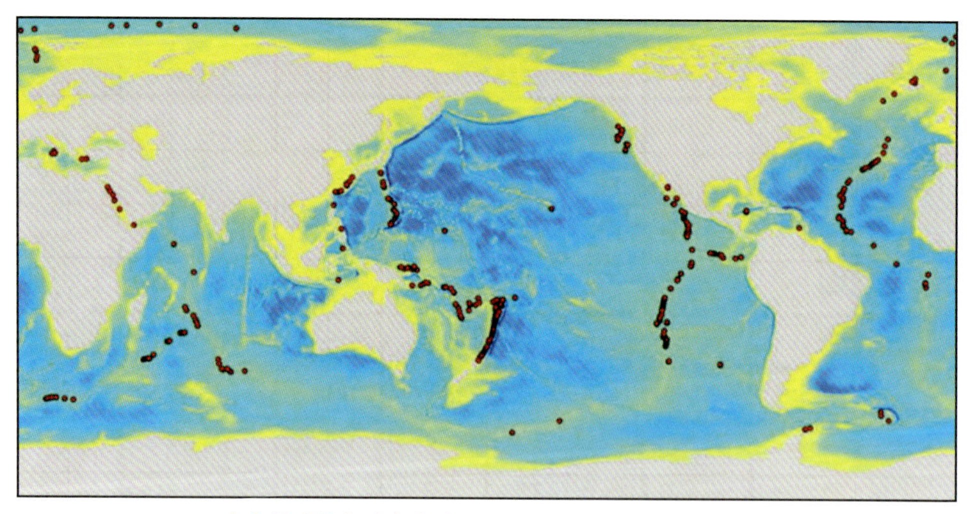

多金属硫化物矿点全球分布示意图(据刘永刚等,2014)

2.8 其他海洋矿产

稀土

稀土元素(REE)资源不仅存在于陆地上，也存在于深海中，是富钴结壳和多金属结核的重要伴生有用元素。研究表明，海盆内的多金属结核和海山上的富钴结壳都含有稀土元素。从分布区域来看，目前已发现富稀土沉积在西太平洋、东南太平洋、中—东太平洋、中印度洋和沃顿海盆尤为发育，而边缘海或浅海沉积物中稀土元素含量较低，不会形成富稀土沉积(石学法等，2021)。

深海黏土稀土资源的发现受到全世界各国的普遍关注，它很有可能成为继多金属结核、富钴结壳、多金属硫化物之后又一种极为重要的战略矿产资源。根据已有的研究，深海黏土稀土资源在太平洋国际海底区域具有广泛的分布且潜力巨大，印度洋海盆的深海黏土稀土资源潜力还尚未可知。

围绕着深海沉积物稀土资源的开发，在国际海底区域将会迎来更加激烈的资源竞争。中国地质调查局2013年首次开展大洋稀土资源专项调查，由广州海洋地质调查局组织实

施，采用多种手段对太平洋稀土资源进行系统探查，调查结果证实了深海沉积物赋存稀土矿的可能性。我国将继续展开调查，积累资料，进一步查清深海沉积物稀土资源的空间分布情况，为制定我国新形势下的稀土资源战略提供依据（刘永刚等，2014）。

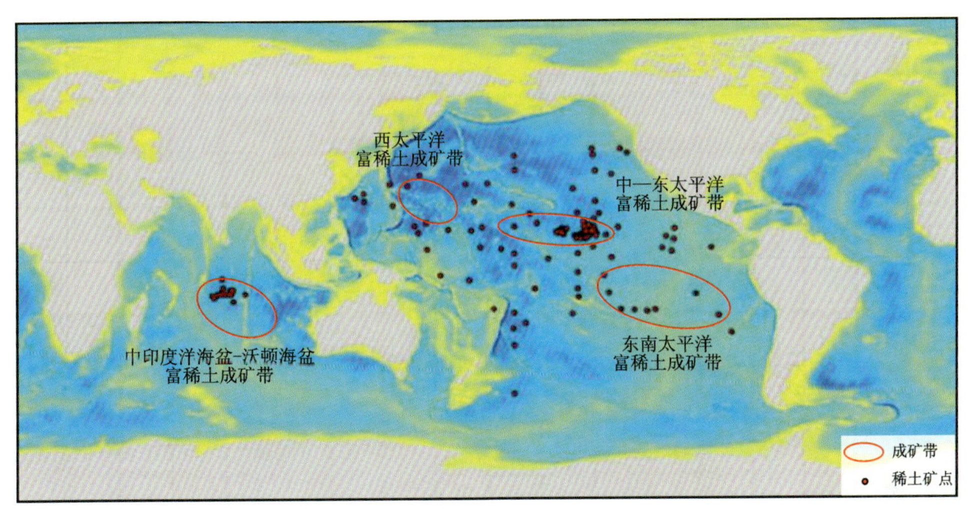

深海沉积物稀土矿点全球分布示意图（据刘永刚等，2014）

海底磷灰石

磷灰石属海洋自生矿物，是从海水中析出的一种化学沉积，主要呈结核状、鱼子状，少数呈泥土状。磷灰石主要分布在大陆边缘的大陆坡上部、大陆架外水深200～500m的海底，常与泥沙等沉积物混在一起（崔木花等，2005）。90％以上的磷灰岩（一种主要由磷酸盐矿物组成的沉积岩）用于农业肥料制造，且农业应用中磷没有替代品。小部分磷灰岩用来生产三磷酸钠及生产其他用于清洁剂、水处理与食物中的磷酸钠。磷酸也用于动物饲料、牙膏、食物添加剂和烘烤粉的磷酸钙制造中。食用磷酸在加工食品中可用作防腐剂。

2.9 海洋矿产调查方法

针对海底地形的勘查情况

针对海底地形地貌的勘查，常用到的技术方法有遥感技术、旁侧扫声呐扫描技术、单波束测深技术、多波束测深技术等。其中，遥感技术主要应用于勘查浅海水下地形，利用太阳光在水体内部的穿透能力，通过遥感器采集水下一定深度范围内信息，再采用信息处理方法分离出水体厚度的信息。旁侧扫声呐扫描技术主要用于海底地貌及底质特征探测，扫描宽度可根据水深状况及需要而定。单波束测深技术和多波束测深技术主要用于测量海底地形的起伏变化，但后者属于覆盖面较广的水深测量方法，精度要求高，耗时且成本高。在实际调查中可根据调查区情况，选择地形起伏较大的小区块进行全覆盖地形测量，其他区域结合单波束测深技术完成区域水深测量。

针对海底地层结构/构造的反射特征

针对海底地层结构、构造形态信息的探测，常用到的技术方法有浅地层剖面调查技术、单道地震技术、多道地震技术、海底地震仪技术、海底电缆技术等。其中，浅地层剖面调查技术能有效地穿透海底以下几十米至上百米的地层，与单道地震相比，其分辨率更高，中层、浅地层探测系统的分辨率甚至可以达到几厘米，其信号在砂层中衰减严重，穿透较差，在泥层中衰减较弱，穿透较好，可与单道地震配合进行地层勘探。单道地震技术具有配置灵活、操作简单、高效经济的特点，其信号可较好地穿透砂层，常用于以较高分辨率探测海底下数十米至一两千米深度范围内的地层，勘探深度在浅部、深部分别衔接浅地层剖面和多道地震探测的目标层。多道地震技术有二维和三维之分，可获取品质较高的地震资料，识别浅层—中深层局部地质构造和断层组合，在油气地质勘探中应用广泛。海底地震仪（ocean bottom seismometer，简称 OBS）技术与常规多道地震反射技术相比，消除了海水层对地震信号的衰减影响，探测深度较深可达莫霍面，可与多道地震结合开展地壳速度结构研究。海底电缆技术（ocean bottom cable，简称 OBC）能较好地压制多次波，具有更好的地震成像效果。

针对海洋沉积物的调查

海洋沉积物资料获取的直接方法是依靠海洋地质取样技术。常用的海洋地质取样技术方法包括表层取样技术、柱状取样技术、钻探取样技术和拖网采样技术等。海底表层样品一般情况下多选用蚌式采样器或小型箱式采样器，深水区可适当选用自返式无缆采样器，样品有特殊要求（如数量大、原状样等）的调查可选用箱式采样器，底质为基岩、石或粗碎屑物质时，选用拖网。柱状采样技术常使用重力、重力活塞、振动活塞和长岩芯重力活塞等取样仪器进行，底质为基岩或粗碎屑沉积物时不宜采用柱状采样技术。钻探取样获得的岩芯样品是最直观的、最具说服力的实物资料，在海底地质构造研究、矿产资源调查中意义重大。针对此部分内容详见“6.3 海洋基质调查方法”。

3

海洋能

3.1 海洋能概述

什么是海洋能？

能源是指可以为人类提供能量的天然物质与物质运动。海洋能资源是以潮汐、海流、潮流、波浪、温度差、盐度差等形式存在于海洋中，以海水为能量载体形成的能量。海洋能分为动能和势能，其中动能包括波浪能、潮汐能和洋流能，势能则以温差能、盐差能及潮差能等形式存在于海洋之中。各种海洋能量的存在形式因地而异，具有地域的限制性。

海洋能利用是指利用一定的方法、设备把各种海洋能转换成电能或其他可利用形式的能。由于海洋能具有可再生性和无污染性等优点，因此是一种亟待开发的具有战略意义的新能源。

波浪能

潮汐能

海洋能的蕴藏量

海洋能相当一部分来源于太阳。地球接收的太阳热能约为 1.4kW/hm^2，其中有 2/3 以热的形式留存于海上，其余则形成蒸发、对流和降水等现象。潮汐、波浪、海流动能的储量达 80×10^8kW 以上，远远大于陆地上水力资源的储藏量。据国外学者计算，全世界各种海洋能固有功率储量以温差能和盐差能最大，为 1×10^{10}kW；波浪能和潮汐能居中，为 $\times10^9$kW。由此可见，海洋能的储藏量是巨大的。

据国际可再生能源署预测，随着各类海洋能技术的发展，全球海洋能装机容量预计至 2030 年和 2050 年分别可达 70×10^6kW、350×10^6kW。海洋能有着巨大的减排潜力，每千瓦海洋能装机容量每年能够减少 1.67t 二氧化碳排放量。全球海洋能总储量巨大，海洋能的实用化开发与商业化利用如果得以合理开发，各种海洋能发电量之和理论上将远超当前全球每年电力消费需求。

在我国近岸及其毗邻海域蕴藏着丰富的海洋能资源，能量密度位于世界前列，具备规模化开发利用的有利条件。根据联合国环境规划署公布的全球海洋能开发利用数据，中国海洋能发电储量占全球的近 1/5。其中，温差能是我国蕴藏量最多的海洋能类型，其资源可开发量估计超过 13×10^8kW。我国的潮汐能资源可开发量约为 0.22×10^8kW，处于世界中等水平。此外，现有潮流能和波浪能的可开发资源量分别约为 0.14×10^8kW 和 0.13×10^8kW。2020 年，我国海洋能累计装机容量约为 8000kW，位列全球第五位。

各种海洋能的能量密度一般较低。潮汐能的潮差较大值为 13～15m，我国最大值仅 8～9m；潮流能的流速较大值为 5m/s，我国最大值达 4m/s 以上；海流能的流速较大值 1.5～2.0m/s，我国最大值达 1.5m/s；波浪能的年平均波高较大值 3～5m，最大波高可达 24m 以上，我国沿岸年平均波高 1.6m，最大波高达 10m 以上；温差能的表层、深层海水温差较大值为 24℃，我国最大值与此相当；盐差能是海洋能中能量密度最大的一种，其渗透压一般为 2.51MPa，相当于 256m 水头，我国最大值与此接近。

海洋能的意义

海洋能作为可再生资源，是具有战略意义的能源。目前世界能源需求中石油的比例最高，而世界石油的静态储量只有几十年，面临逐步耗竭的危险。从长远来看，海洋能必将是 21 世纪的重要能源，未来可能会出现以下发展动向：①海洋能可作为沿海和岛屿的重要补充能源；②今后常规能源将越来越紧张，常规能源发电成本越来越高，随着人们环境保护意识的提高，人们可能情愿少用或者不用化石能源，而选择使用清洁的海洋能等新能源；③随着科学技术的进步，海洋源开发技术将会实现突破，进一步降低用电成本，使海洋源相对常规能源具有竞争力。国外的研究表明，海洋电能和其他形式电能成本的差距正在缩小。在海岛上，与柴油发电和运煤发电相比，潮汐发电、波浪发电已经具有竞争力。此外，考虑到人们环境保护意识的加强，经济杠杆的作用日益在限制化石燃料使用方面得到发挥，海洋能的优点将更快凸显。

3.2 潮汐能

海水的自然涨落有着十分固定的周期,海水这种周期性的自然涨落现象,就是潮汐。潮汐是月亮、太阳的引力对地球海洋水体的作用造成的,周期由月球围绕地球的公转和其自转的规律决定,一般约12.5h,也就是一日二潮(半日潮)。潮汐发电的高峰和低谷与人们习惯的太阳日不相一致,每天向后顺延。多数情况下,潮涨潮落的更迭有非常精确的时间性。潮水涨落的幅度,即涨潮和落潮时的水位差-潮差因地区不同而有所差异。据理论计算,月亮的引潮力可使海面升高0.563m,太阳的引潮力可使海面升高0.246m,两者合计即潮汐的最大幅度约0.8m,因此一般海面的潮汐现象并不显著。然而,在某些窄浅的海峡、海湾和河口地带,受到地形等因素的影响,潮汐现象往往十分明显,潮差可达10m以上。例如我国著名的钱塘潮的最大潮差达8.9m,北美洲芬地湾蒙克顿港的最大潮差可达19m。

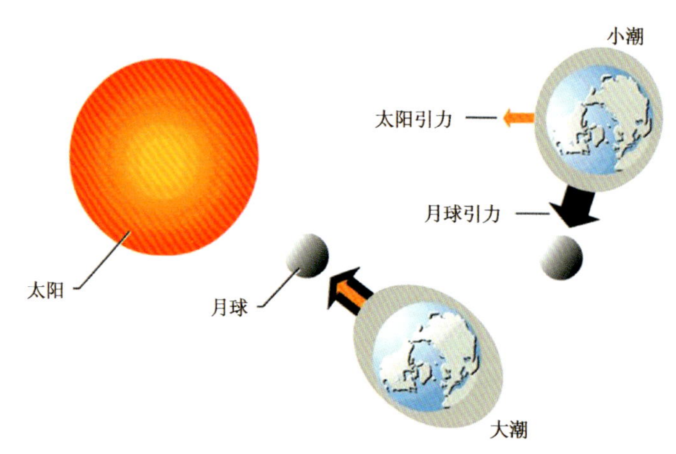

月球、太阳引力变化引起潮汐

潮汐中蕴藏着极大的动能——潮汐能。据估计,海洋潮汐能的储量至少为10×10^{8}kW,每年可以提供上万亿千瓦的电能。潮汐能绝大部分集中在沿海,便于开发利用。潮差超过3m的沿海地段,潮汐都很发达,潮汐能的储量比较丰富。

潮汐能是人类最早利用的一种海洋能。据记载,在1000多年前的唐朝,我国就有了利用潮汐涨落磨五谷的潮水踏。1912年,德国在胡苏姆兴建了一座小型潮汐电站,开始把潮汐发电的理想变为现实。世界上第一个大型潮汐能发电站是1966年投入运营的法国兰斯潮汐能发电站。我国发展潮汐能起步较早,1957年在山东建成了第一座潮汐发电站。到1980年,我国第一座“单库双向式”潮汐电站——江厦潮汐试验电站正式发电,装机容量为3000kW,年平均发电1070万kW·h,为当时世界上第二大潮汐发电站。

经过数十年潮汐电站的建设研究和实践总结，我国潮汐发电行业不仅在技术上日趋成熟，而且在商业运营方面也取得了较大进展，已经建成了一批性能良好、效益显著的潮汐电站。电力供应不足是制约我国国民经济发展的重要因素，在东部沿海地区这一点尤为明显。潮汐能具有可再生性、清洁性、可预知性等优点，在我国优化电力结构、促进能源结构升级的大背景下，发展潮汐发电是顺应社会趋势而为。

法国兰斯潮汐能发电站

江厦潮汐试验电站

3.3 海流和潮流能

海流是海洋中一部分海水的远程流动，是海水的一种定向运动，由风、海水密度不均和海面倾斜等原因造成。潮流则是由于涨落潮引起的海水双向流动。浩瀚的大海里，海水沿着一定的路线不停地流动，形成“海中之河”，称之为海流。海流长短不一，或数百千米，或数千千米乃至上万千米，流量也不一样。著名的黑潮宽度达 80～100km，厚度达 300～400m，

流量为世界所有河流总流量的20倍以上。

这样大量的海水不停地流动，蕴藏的动能是非常丰富的。据估计，大洋海流动能的储量约有50×10^8kW。虽然海流动能的储量无穷无尽，海流的水量终年非常充足、稳定，但是海流的大小、速度不一，一般来说，海流流速不到1m/s，较高的流速为3～4m/s，能量密度小，因此海流能的开发存在很多困难。

较大的海流要数北美洲西海岸附近的墨西哥湾暖流，它携带的水量超过世界江河总径流量的50倍。这股巨大的暖流给北美洲西部大陆带来巨大的热量。

太阳、月亮等天体对海洋的引力引起的潮汐涨落往往伴随着海水水平方向的流动，这就是潮流。潮流也以太阳日为周期，但它的变化规律往往比潮汐更复杂，既有流向的变化，又有流速的变化。在沿岸或海湾地区，潮流流向只有两个方向的来回变动，称为往复流；而在大洋中，潮流时刻在改变着方向，类似椭圆式的流动，所以称为回转流。往复流的流速变化显著，有时很大，有时为零，而回转流的流速变化不大。

我们所看到的海流，既不是纯粹的海流，也不是纯粹的潮流，而是海流和潮流同时存在的混合流。只不过在近海由于潮流作用较强，海流就成为次要的；而在大洋里，潮流的影响小，海流就成为主要的。海流沿着一定方向流动，流向和流速都比较稳定，通常流速比潮流小，然而分布于世界各大洋如太平洋西北部的黑潮和大西洋西岸湾流，流经海区很广。非主要海流流经的海区存在着大小不同的区域性海流。

海洋中海流和潮流所储存的动能分别称为海流能和潮流能，海流的流速一般是0.5～1海里/h，高可达3～4海里/h，海流蕴蓄的动能在50×10^8kW左右。由于海流流量极大，且没有枯水期，因此利用障碍体等装置把海流能、潮流能提取出来进而转换为电能的方式称作海流能、潮流能发电。

我国浙江省沿岸海域潮流能资源最丰富，占我国近海潮流能资源潜在量的50%以上，舟山群岛海域各水道潮流能资源尤为丰富，各水道位于诸多岛屿之间，海况平稳，海底底质类型为基岩，非常适合布放座底式潮流能发电装置。山东、江苏、福建、广东、海南和辽宁等省份潮流能资源占我国潮流能资源总量的38%。

由于潮流能的能量密度较低，目前还没有非常理想的开发方案。潮流能的利用方式主要是发电，其原理与风力发电相似。但由于海水的密度约为空气的1000倍，且潮流发电装置必须放于水下，故潮流发电存在一系列的关键技术问题，包括安装维护、电力输送、防腐、海洋环境中的载荷与安全性能等。此外，潮流发电装置和风力发电装置的固定形式和设计也有很大的不同。潮流发电装置可以安装固定于海底，也可以安装于浮体的底部，而浮体通过锚链固定于海上。

目前主要有5种潮流发电装置。“伞式”潮流发电装置用一把把伞状装置收集潮流能，伞状装置拴在一条长带子上，带子绕在一艘潮流能发电船的转轮上。“潮流发电驳船”是在用锚固定的船型浮体的两侧各安装几台螺旋桨水轮机，水轮机与舱内的发电机相连。“科里奥利斯式”潮流发电装置采用科里奥利斯型螺旋桨的发电装置，类似于导管推进器。超导体潮流发电装置采用装有31000高斯超导体、直径为30m的原板型发电原件。“花环式”潮流能发电方案因为海流发电机的一串转子看起来像花环而得名，用密封的浮筒来承受转子的

张力，用钢索和锚来维持浮筒的深度和彼此间的距离。

MCT 潮流能装置

Stingray 潮流能装置

Lunar 潮流能装置

TidEl 潮流能装置

潮流能利用装置(来源:中国科学院广州能源研究所)

3.4 波浪能

波浪是海洋在一定尺度上周期性的上下运动，产生的波峰和波谷。波浪的形式是流动的空气和海洋表面之间相互作用的结果。其中，风浪和涌浪能级较高，是波浪能开发利用的主要对象。

风是浪的根本起因，当风从海面掠过时，由于气流对海水的摩擦和推压，牵动海水质点振动，从而形成波浪。波浪表现为海面形状的变化，就某一个水的颗粒来说，只是在一个狭

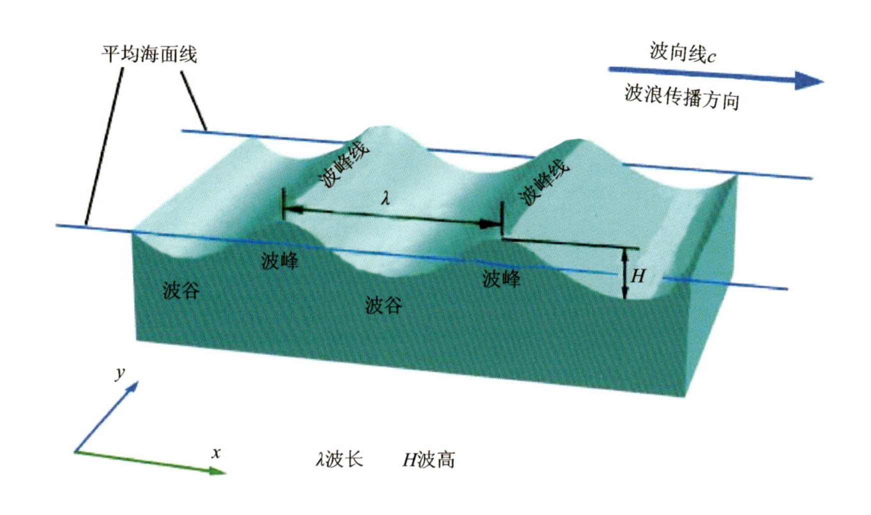

波浪运动基本参数图(来源:www. pengky. cn)

小的空间内做环形运动、振动。从海水表层向下,因为海水具有黏滞性,所以当表层海水在风的牵动下波动时,会带动下面的海水质点运动,这样就把波浪运动从表面传到水下。

造成波浪的风能主要源于太阳。阳光照射不均形成大气温差,大气温差造成空气流动,形成风。由于地球偏转力的影响,空气的流动在地球表面形成了复杂的风带。这些不断吹拂的风引起了波浪。波浪能来源于太阳能,是太阳能的一种转换形态,是由太阳不断补充的一种可再生能源。

波浪是海水的一种大规模宏观运动形态,是一种宝贵的动力资源,波浪中蕴含的能量是巨大的。海浪能把一艘大于 17 000t 重的货轮推上陆地。1894 年曾有人报道,在西班牙的巴里布市附近,海浪冲走了 1700t 重的巨大岩块,还曾出现重达 13t 的石头竟被浪打到 20m 的高处的情况。

和其他自然力(如风力、水力、潮汐力等)的利用相比,人类对波浪力的开发利用算是最迟缓的了。100 多年前,才有人开始试验利用波浪的力量发电。此后,有关波浪力发电的试验研究日渐频繁。最著名的日本"海明号"消波发电船于 1979 年首次在海上进行了几个月的发电试验,一个机组的最大出力达到了 200kW。

日本发电船

在海洋技术上，一般用每米波前(即波浪正面宽度 1m)的功率千瓦数来表示波浪力的大小，即波浪能的能级。波浪力的大小(或称波浪能的能级)主要取决于波高 H 和波浪周期 T。通常，波浪能的大小(P)与波高的平方(H^2)、波浪周期(T)成正比，即波高 H、波浪周期 T 和 1m 波前功率的关系可表达为 $P=H^2\times T$。

这个公式是相对于规则波而言的，实际上波浪大多是不规则的，因此常采用有效波高(H_s)来计算波浪的能量，波前功率表达式为 $P=(1/2.3)\cdot H_s\cdot T$。一般海面上的波高为 2m，波浪周期为 9～10s，1m 波前波浪能的能级在 20～80kW。例如英国西北部近海海面的波浪能能级平均为 61kW/m，新西兰西海岸的波浪能能级平均为 46kW/m，我国渤海湾外波浪能能级平均为 42kW/m。在那些经常有十几米大浪的海区，波浪能能级可达 600～700kW/m。许多沿海国家都有几千千米甚至上万千米的海岸线，只要将沿海一部分海区的波浪力利用起来，便可产生上千万千瓦的功率。

波浪能也具有显著的特点，如：能量密度小、运动速度较慢；短周期运动，每个周期内海水的运动方向循环一次，传递给波浪能转换装置的力的方向也改变一次；能级变化大，不稳定；波浪的狂暴和反复无常使得工作环境恶劣。

波浪能开发装置主要是波浪能发电装置，其原理是：①通过波浪能吸收装置吸收波浪能；②通过波浪能转换装置将波浪能吸收装置吸收的波浪能放大并转换成机械能；③通过原动机/发电机系统将波浪能转换装置的机械能转化成电能，并输出电能。

波浪能的发电装置种类繁多，按照工作的场所可以分为海岸式波浪能转换装置和海洋式波浪能转换装置；按照波浪能转换装置吸收波浪能的方式，可以分为垂直摆荡式、空腔共振式、压力式等。海洋式波浪能转换装置有 7 个主要组成部分，包括浮体、波浪能接收器、波力放大器、原动机/发电机系统、电气控制与自动控制设备、输电系统、锚泊系统。

3.5 温差能

在海水中，以表层和深层海水的温度差形式所储存的热能称为温差能，其能量的主要来源是蕴藏在海洋中的太阳辐射能。

海洋所接受的大量太阳能除小部分被直接反射到空气中去以外，大部分经过折射和散射被海水吸收，使海水温度升高，这个过程中太阳的光辐射能就被转化为海水热能。太阳辐射能是影响海水温度的决定因素，海水温度的分布取决于太阳光照射的强弱程度。海水温度大都随着深度增加而降低，主要是因为海水透射阳光的能力有限。太阳光照射到海水中后，很快被海水吸收，不能穿透到海洋深处。太阳辐射穿透海水的深度受水体透明度的影响。透明度愈差的海水，水温随深度而降低得愈显著。

太阳辐射热对 200m 以下的海水影响很小。到了深度 500～600m 处，海水温度受阳光照射的影响就更小，水温终年都在 4～5℃，很少变化，几乎是恒温的。海水温差是一种普遍的现象，越是靠近赤道的海域，温差越大。在热带海域，表层海水的温度约 28℃，而 500m 深处的海水水温只有大约 6℃了，那么在表层海水和深层海水之间，出现了大约 22℃的温度差。据估算，每秒钟到达海面的太阳辐射热能量为 55.1×10^{12} kW，相当于 200 万 t 优质煤燃烧时放出的全部热量，也相当于 21 世纪初世界能量消耗总量的 1000 倍。

应用热力学原理，分别以表层和深层的温、冷海水为热源、冷源，将温差能转换成电能的方式称为温差发电。利用热带海域的表层海水（27℃左右）与海洋深处（750～900m）的深层海水（4℃左右）的温差来驱动发动机，带动发电机而发电。在热带海域设置电站，利用海水温差发电较为方便。

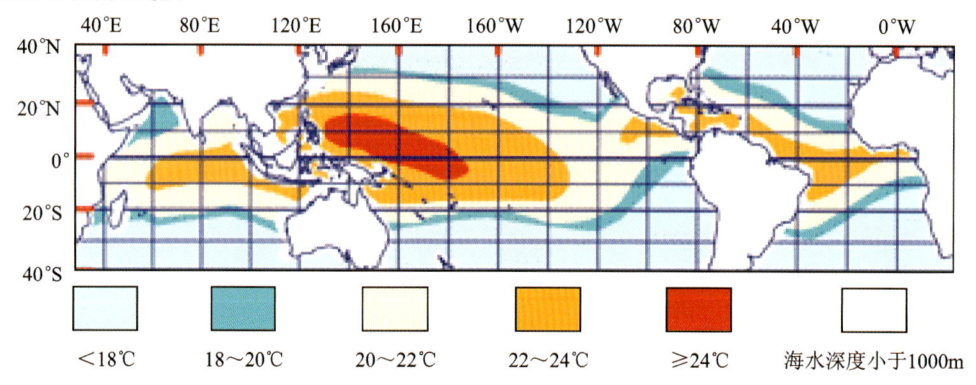

全球海洋表面至深度 1000m 范围适合温差能发电的海域分布示意图（来源：维基百科）

温差发电首先需要抽取温度较高的海洋表层水，将热交换器里面沸点很低的工作流体（如氨、氟利昂等）蒸发汽化，然后推动涡轮发电机发出电力，再把它导入另外一个热交换器，利用深层海水的冷度，将它冷凝回归液态，这样就完成了一个循环，周而复始地工作。在热交换技术平台，目前有封闭式循环系统、开放式循环系统、混合式循环系统等，其中封闭式循环系统技术较成熟。而在热交换技术平台地点的设置上，则有岸基式、离岸式的差别。

美国夏威夷海水温差发电厂

3.6 盐差能

两种浓度不同的溶液间渗透产生的势能就是盐差能，海水和淡水之间的盐差能属于其中的一种。盐差能可以通过半透膜以渗透压的形式表现出来。试验表明，当海水的含盐浓度为35‰时，通过半透膜在海水和淡水之间可以形成2.51MPa的压力，相当于256m水头。盐差能除了渗透压的表现形态外，还可以稀释热、吸收热、浓淡电位差以及机械化学能等形式表现出来。将海水和淡水间产生的盐差能转换成电能的方式，称为盐差发电。

海洋每年蒸发的水分量是很大的，约$40\times10^{12}m^3$。这么多的水重返海洋时，按渗透压平均为24个标准大气压计，所具有的盐差能约有$260\times10^8 kW$。海洋蒸发的水分，约有1/10是经由江河返回海洋的，因此地球上江河入海口的盐差能蕴藏量为$26\times10^8 kW$。与其他类型的海洋能相比，盐差能是一种高度集中的高能量，这是盐差能的重要特点，也是开发利用盐差能的有利条件。盐差能的储量也很大，可再生，不污染环境。因此，近年来人们对开发利用盐差能的问题开始高度关注，并积极开展起有关的试验研究。

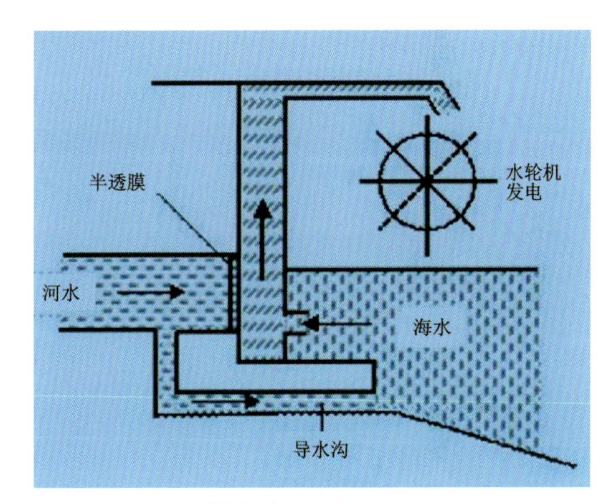

盐差能示意图

开发盐差能的方法大致有两种，即盐差发电与盐差电池。海洋中各处的盐度是不同的，随温度与深度而变化，它的范围可从海洋表层海水(20℃)的36‰下降到深海600m处(5℃)的35‰。在港湾河口处，由于河水进入海洋与海水相混，盐度变化最为明显。当江河的淡水与海洋的海水汇合时，由于两者所含盐分不同，在其接触面上会产生一种十分巨大的能量。假如把一层半透膜放在不同盐度的两种水之间，通过这个膜会产生一个压力梯度，迫使水从低盐度一侧通过膜向高盐度一侧渗透，从而稀释高盐度的水，直到膜两侧水的盐度相等为止，此压力称为渗透压，盐差发电也可称为渗透压发电。所需的水头，不像水电站那样需要采用拦河大坝堵塞水流通路产生，而是通过在海水与河水之间设置的半透膜产生的渗透压形成的。盐差发电的方案包括水压塔式盐水发电系统和压力室式盐水发电系统。

3.7 海洋能调查方法

海流观测

海流的观测内容包括流向和流速两项。单位时间内海水流动的距离称为流速，单位为m/s或cm/s。流向指海水流去的方向，单位为度，正北为0°，顺时针旋转，正东为90°，正南为180°，正西为270°。海流观测层次参照温度观测层次，或根据需要选定。但海流观测的表层规定为0～3m以内的水层，由于船体的影响（流线改变或船磁影响），往往导致流速、流向测量不准。

海流观测用到的仪器设备有：①机械旋桨式海流计，该类海流计是依据旋桨叶片受水流推动的转数来确定流速，用磁罗经确定流向（必须进行磁差校正）；②电磁海流计，该类海流计应用法拉第电磁感应原理，通过测量海水流过磁场时所产生的感应电动势来测量海流，根据磁场来源不同，可分为地磁场电磁海流计和人造磁场电磁海流计；③声学多普勒海流计，该类仪器是以声波在流动液体中的多普勒频移来测流速的；④其他测流仪，如光学式海流计、电阻式海流计、遮阻涡流海流计等。目前在海流调查中应用得较多的是安德拉海流计、直读式海流计和声学多普勒海流剖面仪。其中，声学多普勒海流剖面仪（acoustic doppler current profilers，简称ADCP）是目前观测多层海流剖面最有效的方法。

温盐深测量

海水温度、盐度、深度是海洋调查获取的最基本参数，相关设备种类繁多。

海水温度测量仪器主要分为针对海洋表层水温测量和针对海水深层水温测定两类。针对海洋表层水温测量一般采用海水表面温度计、电测表面温度计及其他的测温仪器，其构造与普通水银温度计基本相同，内嵌在特制的圆筒内，使得温度计提出水面时仍浸在水中，避免与外界空气接触而发生变化。另一种方法是用水桶提取海水，再用精密温度计测定水温。此外，在卫星上通常利用红外辐射温度计测量海水表面水温，在海洋浮标上一般装有自记测温仪器，从这些仪器上直接测得海水表层水温。海水深层水温的测定，主要采用常规的颠倒温度计、深度温度计、自容式温盐深自记仪器（如STD、CTD）、电子温深仪（EBT）、投弃式温深仪（XBT）等。可以直接从这些仪器上测得垂直断面上各个水层的海水温度。

海水盐度的测量仪器主要是利用比重法、折射法、电导法、声学法等原理进行工作的，相

关仪器有阿贝折射仪、多棱镜差式折射仪、现场折射仪、感应式盐度计、电极式盐度计、多要素剖面仪、CTD 系统、CTD 直读式温盐深剖面仪等。

海水深度的测量则主要采用回声探测仪和钢丝绳测深两种方法。

目前,为了提高海上作业效率,通常同时开展海水温度、盐度、深度、溶解氧、电导率等要素的调查。温盐深测量系统(CTD)是测量海洋物理特性的重要工具,它可以提供不同深度下海水温度和盐度等的精确参数,从而更加准确地揭示海洋的基本物理特性。大型CTD 测量系统在进行温盐剖面测量的同时,还可根据需求对不同水深的海水进行取样,从而为海洋化学、海洋生物的分析研究提供水样。定点式 CTD 可分为实时显示和自容式两大类,走航式 CTD 有抛弃式温深剖面仪(XBT)、抛弃式温盐深剖面仪(XCTD)和拖曳式温盐深剖面仪 CUCTD 等。

SBE911/917plus CTD 测量系统

拖曳式温盐深剖面仪(UCTD)可在船舶航行过程中实现大面积、连续、快速的温盐剖面测量,测量结果具有更强的实时性和代表性,且具有更高的测量效率。UCTD 的观测数据不仅可以为海洋观测系统中各种传感器的定标提供基本参数,而且可与卫星遥感资料相结合,形成对海洋水文特征的立体描述。

抛弃式温盐深剖面仪(ECTD)是国外于 20 世纪 80 年代开始研制并快速发展的一种海水温盐剖面测量设备。它可以在下沉过程中测量海水的电导率和温度,并根据下沉时间和速度计算出深度,其最大测量深度可达 2000m。ECTD 使用方便,性能可靠,可供以舰船、潜艇和飞机为载体进行大批量投放,快速获取大面积海域内的温度和电导率数据,并据此计算出海水密度、盐度、声速等相关物理学参数。

便携式 CTD 测量系统可以在沿岸近海水域剖面开展温盐深测量工作,但未配备采水瓶,无法开展海水取样工作。

AML Base X2 便携式 CTD 测量系统

海浪观测

海浪观测的主要观测要素为波高、周期、波向、波形和海况，辅助要素为风速和风向等。

海浪观测一般分为仪器观测和目测法。仪器观测又分为以船只为承载平台的观测和锚碇测波，前者用到的设备一般为浮球式加速度型测波仪，后者用到的设备为声学式测波仪和重力测波仪。

光学式测波仪主要测定波浪的波高、周期、波向和波长，并且还可以测量海面上物体的距离、浮冰的速度及方向。光学式测波仪借助随海浪跳动的测波浮标来观测海浪，观测的结果受到观测者主观作用的影响，属目测法范畴。我国常用的光学式测波仪有国产 HAB－1 型和 HAB－2 型。

声学式测波仪是利用超声波在介质中的传播特性和在不同介质中的反射特性来连续不断地测量超声波发射器到海面距离的，并根据海面随时间变化情况计算波高、周期等波浪要素。

加速度型测波仪用得较多的为 SZF1－Ⅱ型数字式波温仪，该仪器利用加速度原理进行波浪测量，当浮标随波面做升沉运动时，安装在浮标内的垂直加速度计输出反映波面升沉加速度变化的电压信号，对该信号做二次积分处理后，即可得到与波面升沉高度变化成比例变化的电压信号。

下面介绍目测法进行海浪观测的过程。

▶观测点和观测海域的选择

目测海浪时，观测员应站在船只迎风面，以离船身 30m（或船长之半）以外的海面作为观测区域（同时还应环视广阔海面）来估计波浪尺寸和判断海浪外貌特征。

▶海况的观测

以目力观测海面特征，根据海面上波峰的形状，峰顶的破碎程度和浪花出现的多少，按海况等级表判断海况所属等级，并填入记录表中。

海况等级表

海况等级	海面征状
0	海面光滑如镜
1	波纹
2	风浪很小，峰开始破碎，但浪花不是白色
3	风浪不大，但很触目，波峰破裂，其中有些地方形成白色浪花——白浪
4	风浪具有明显的形状，到处形成白浪
5	出现高大的波峰，浪花占了波峰上很大的面积，风开始削去波峰上的浪花
6	波峰上被风削去的浪花开始沿海浪斜面伸长成带状
7	风削去的浪花带布满了海浪斜面，有些地方到达波谷，波峰上布满了浪花层
8	稠密的浪花布满了海浪斜面，海面变成白色，只在波谷某些地方没有浪花
9	整个海面布满了稠密的浪花层，空气中充满了水滴和飞沫，能见度显著降低

▶波型的选择

观测时，按波型分类表判定所属波型，并记录其符号。

波型分类表

波型	符号	海浪外貌特征
风浪	F	受风力的直接作用，波形极不规则，波峰较尖，波峰线较短，背风面比迎风面陡，波峰上常有浪花和飞沫
涌浪	U	受惯性力作用传播，外形较规则，波峰线较长，波向明显，波陡较小
混合浪	FU	风浪和涌浪同时存在，风浪波高和涌浪波高相差不大
	F/U	风浪和涌浪同时存在，风浪波高明显大于涌浪波高
	U/F	风浪和涌浪同时存在，风浪波高明显小于涌浪波高

▶波向的观测

(1)观测波向时，观测员应站在船只较高位置，利用罗经方位仪，使其瞄准线平行于离船舷较远的波峰线，转动90°后使其对着波浪的来向，读取罗经方位仪刻度盘上的度数即为波向(用磁罗经方位仪测波向时须进行磁差校正)。

(2)当海上无浪或浪向不明时，波向记C；风浪和涌浪同时存在时，波向分别观测，并填入记录表中。

十六方位与度数换算表

方位	度数	方位	度数
N	348.9°～11.3°	S	168.9°～191.3°
NNE	11.4°～33.8°	SSW	191.4°～213.8°
NE	33.9°～56.3°	SW	213.9°～236.3°
ENE	56.4°～78.8°	WSW	236.4°～258.8°
E	78.9°～101.3°	W	258.9°～281.3°
ESE	101.4°～123.8°	WNW	281.4°～303.8°
SE	123.9°～146.3°	NW	303.9°～326.3°
SSE	146.4°～168.8°	NNW	326.4°～348.8°

▶波高和周期的观测

(1)目测波高和周期时，应先环视整个海面，注意波高的分布状况，然后目测10个显著波(在观测的波系中，较大的、发展完好的波浪)的波高及其周期，取其平均值，即为有效波高(H_s)及其对应的有效波周期。从10个波高记录中选取一个最大值作为最大波高H_{max}。

(2)当波长小于船长时，可将甲板与吃水线间的距离作为参考标尺来测定波高，以相邻两个显著波峰经过海面浮动的某一标志物的时间间隔作为这个波的周期。

(3)当波长大于船长时，应在船只下沉到波谷后，估计前后两个波峰相对于船高的几分之几(或几倍)来确定波高,以船身为标志物,相邻两个显著波峰经过船身的时间间隔作为这个波的周期。

▶资料整理

对目测的10个显著波的波高及其周期分别取平均值,得有效波高和有效波周期。10个波高中的最大值为最大波高,其所对应的周期为最大波周期。根据有效波高查找波浪级别表得到波级。

▶潮汐观测

潮汐的观测要素有潮高、潮时、潮位、地形等。本书简要介绍潮位的观测。

最初人们用人工设置的标杆——水尺,进行潮位观测。自1831年美国成功研制自记验潮仪以来,世界各国相继研制了不同形式的验潮仪。

尽管由于科学技术的不断发展,相继出现了各式各样的自记验潮仪,但是到目前为止,潮位观测仍然需要使用水尺观测。水尺观测方法简单方便,但不能连续自记,还需要较多的人力,因此多用于在临时观测站进行潮位观测或永久观测站上的自记水位计的潮位校核。自记验潮仪观测法具有记录连续、完整、节省人力等优点,因而在一般永久性测站普遍使用。

4

海洋生物

4.1 海洋生物概述

什么是海洋生物？

海洋生物是海洋中具有生命的有机体，指生活在海洋或沿海河口咸水区域的植物、动物和其他生物。海洋生物资源是指海洋中具有生命的能自行繁衍和不断更新的且具有开发利用价值的生物。

美丽的海洋生物

海洋生物的演化

海洋生物的演化受到地球气候、地质活动和生态竞争等多种因素的影响。通过逐渐适应和演化，形成了今天物种丰富的海洋生态系统。

原核生物出现于距今 34.65 亿年，到了距今约 21 亿年出现了真核细胞生物。在寒武纪生命大爆发期间，海洋生物的种类迅速增加(段艳红，2013)。这一时期出现了许多新的生物门类，如节肢动物、软体动物、腕足动物等。其中，三叶虫是最具代表性的生物之一，它们在寒武纪时期迅速演化并繁盛起来。此外，海绵、海葵、珊瑚等生物也在此期间大量出现。

1997 年 8 月，云南地质科学研究所的地质学家在云南昆明海口地区的野外考察中，在距

今约 5.3 亿年的早寒武世地层中找到一块长约 3 厘米的奇怪鱼形化石。这是迄今所知的最早的脊椎动物——昆明鱼和海口鱼。这一重大发现表明，脊椎动物在早寒武世就已经开始分化了。

地质年代					生态系统演化						
					生物群落			生态界面(环境)			演化阶段
宙	代	纪	世	年龄(Ma)	动物界与真菌界(异样养型)	菌藻类	植物界(自养型)	演化圈层	液固气(相)	群落类型	
显生宙	新生代	第四纪	全新世(Qh)	0.0117	0.0117 晚期智人出现（0.038Ma） 早期智人出现（0.12Ma） 直立人出现（1.80Ma）					海洋生物群落；陆地生态群落（以动物、植物、菌藻、微生物为主）	现代进化生态系统（MEE）
			更新世(Qp)	2.58	2.58 能人出现（2.50Ma）						
		新近纪	上新世(N_2)	5.33	5.33 南方古猿出现（4.40Ma）						
			中新世(N_1)	23.03							
		古近纪	渐新世(E_3)	33.9				生物圈 岩石圈 大气圈／生产者 消费者 分解者	液相 固相 气相（海洋 大陆 天空）		
			始新世(E_2)	56.0							
			古新世(E_1)	66.0							
	中生代		白垩纪(k)	145.0							
			侏罗纪(J)	201.3	有胎盘类哺乳动物出现（晚侏罗世） 鸟类出现（晚侏罗世）		被子植物出现（晚侏罗世）				
			三叠纪(T)	252.17	恐龙类出现（三晚叠世）						
	晚古生代		二叠纪(P)	298.9							
			石炭纪(C)	358.9	爬行动物出现（晚石炭世），似哺乳动物出现（晚石炭世）					动物	
			泥盆纪(O)	419.2	两栖类出现（晚泥盆世）		裸子植物出现（晚泥盆世）				
	早古生代		二叠纪(P)	443.8	硬骨鱼类出现（普利多利世）		蕨类植物出现（普利多利世）	生物圈 岩石圈／生产者 消费者 分解者	液相 固相（海洋 大陆）		初级进化生态系统（PEE）
			石炭纪(C)	485.4							
			泥盆纪(O)	541.0	最原始脊椎动物（昆明鱼） 小壳化石生物群 寒武纪生物大爆发						
元古宙	新元古代		埃迪卡拉纪(Pt_{3-3})	635	埃迪卡拉生物出现 瓮安生物群出现						原始进化生态系统（PREE）
			成冰纪(Pt_{3-2})	850							
			拉伸纪(Pt_{3-1})	1000							
	中元古代(Pt_2)			1600		藻类		生物圈 岩石圈／生产者 分解者	液相 固相（海洋 大陆）	菌藻 微生物	
	古元古代(Pt_1)			2500	真核细胞生物出现（21亿年）	微生物世界					
太古宙	新太古代(Ar_4)			2800	真核生物标记物甾烷出现（25-27亿年）						
	中太古代(Ar_3)			3200							
	古太古代(Ar_2)			3600	原核细胞生物出现（34.65亿年）	蓝藻（蓝细菌）					
	始太古代(Ar_1)			4000	最早生命物质记录（化学化石）（38.5亿年）						
冥古宙(EA)				4600							

不同地质年代地球生态系统演化阶段(据张志飞等,2021)

昆明鱼化石(来源:中国科学院古脊椎动物与古人类研究所)

寒武纪生命大爆发事件见证了海洋生物多样性的迅速增加和生态系统的巨大变革，为地球生物演化和生态系统发展奠定了基础。

海洋生物演化的主要阶段、重要历史事件研究有助于我们更深入地理解生命起源、多样性的形成。

海洋生物的组成与分布

海洋生物按分类系统分为海洋原核生物界、海洋原生生物界、海洋真菌界、海洋植物界和海洋动物界;按生活方式,分为底栖生物、浮游生物、游泳生物和寄生生物。

在营养结构方面,海洋生态系统从初级生产者(如浮游植物)到初级消费者(如浮游动物和小型鱼类),再到次级消费者(包括大型鱼类和海鸟)以及高级消费者(如鲨鱼和大型鲸鱼)形成了复杂的食物网。这种食物网结构对于维持生态系统的平衡至关重要。每种海洋生物在生态系统中都有其独特的生态位,决定了它们的饮食习惯、栖息地选择和繁殖行为。例如小鱼可能专门在珊瑚礁的裂缝中觅食,而大型海洋哺乳动物可能在更广阔的海域进行长距离迁移和捕食。

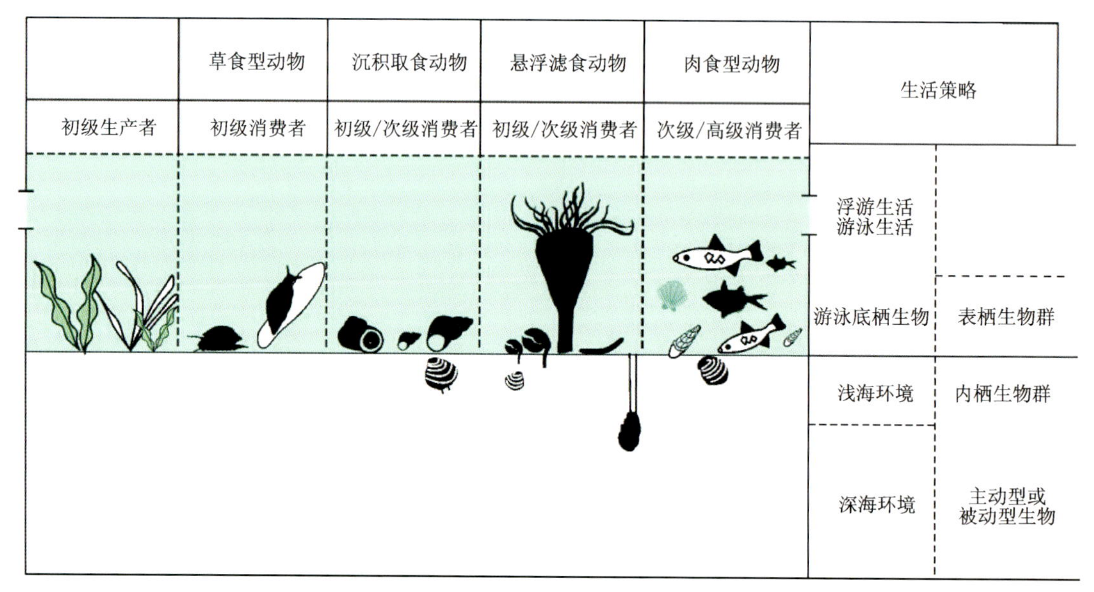

海洋动物生活方式、营养结构和生态位(据张志飞等,2021)

海洋生物分布受多种因素的影响,如水深、纬度、气候带、海流、海洋化学特性和人类活动等。人类在不断研究和监测海洋生物,以更好地理解它们的生态角色和适应性。下面围绕水深、纬度和气候带简单描述。

▶水深

浅海水域(0~200m):浅海水域生物多样性极高,包括珊瑚礁、海草床、岩礁和沙底生态系统。这些地区生活着许多多细胞生物,如珊瑚、海葵、各类鱼类、甲壳类动物和海洋植物。浅海区域通常受阳光照射,所以光合作用是主要的生产方式。

中层海域(200~1000m):这个深度范围内的生物多样性逐渐减小,但仍有大量生物。这里可能有浮游生物、鲨鱼、章鱼和深海鱼类。深度逐渐增加,光照逐渐减少,生物开始依赖从上层水体掉落的有机碎屑和迁徙性猎食。

深海水域(1000m 以下):深海是世界上最大的生物圈,但光线非常有限,压力巨大,温度低。生物适应了这些极端环境,如深海鱼类、巨型水母、深海虫类和化石细菌。这些生物通常生活在黑暗中,依赖化学合成和食物降解。

▶**纬度**

赤道附近:赤道附近的热带水域生物丰富多样。这里有彩虹色的珊瑚礁、各种各样的热带鱼类(如蝴蝶鱼、刺尾鱼等)和海龟及珍稀的海洋哺乳动物(如海豚和鲸鱼)。

亚热带和温带:这些地区的海洋生物包括多种鲸鱼、海豹、鲨鱼、鱼类和海洋鸟类。某些区域也有季节性的迁徙,如大西洋的北极鲸鱼。

两极地区:极地地区的海洋生物适应了极端的寒冷条件。这里生活着企鹅、海豹、海星、巨型水母和浮游生物,其中一些生物具有特殊的生理适应性,能够在极端的冷水环境中存活。

▶**气候带**

热带海域:热带海域通常位于赤道附近,气温高,水温也相对较高。这里的海洋生物多样性极高,包括珊瑚礁、热带鱼类、海葵、海龟、海洋蛇和海蛇等。

亚热带和温带海域:这些区域的气温和水温适中,生物多样性也相对丰富,包括各种大型鱼类、海豚、鲸鱼和海洋鸟类。

寒带海域:寒带海域通常位于高纬度地区,气温较低。这里的生物适应寒冷,包括北极熊、企鹅、海豹、鱼类和浮游生物。

中国海域的海洋生物种类及濒危保护动物

中国海域辽阔,南北纬度纵跨 44°,包含 3 个气候带(热带、亚热带、温带),岸线全长超过 32 000km(其中大陆岸线长超过 18 000km),海域自南向北划分为南海、东海、黄海、渤海,总面积约 470km^2。海洋资源种类繁多,现已记录有物种 2028 种(黄海、渤海 1140 种,东海 4167 种,南海 5613 种,浅海滩涂生物约 2600 种),隶属 44 门,其中海洋鱼类占世界鱼类总数的 14%,海鸟类占世界鸟类 23%,头足类占 14%,蔓足类占 20%,昆虫类占 20%,红树植物占 43%(宋祖德,2007),我国海洋生物中有许多是我国特有种或世界珍稀物种,如国家一级保护动物中华鲟、中华白海豚、儒艮、大砗磲、鹦鹉螺、红珊瑚等(王晓强,2010)。

中国沿海各省市海洋生物资源对比

广东省海域有鱼类 1064 种、甲壳类 200 余种、头足类 58 种,其近海已发现具有药用价值的海洋生物高达 500 多种。同时,广东省的海洋捕捞以及养殖的年产量约 400 万 t,是全国著名的海洋水产大省。

海南省海域已记录有鱼类 807 种、贝类 681 种、头足类 511 种,除此之外还有丰富的水母、珊瑚等珍稀海洋动物资源,具有较高的经济和药用价值。

广西北部湾不仅是中国著名的渔场，也是中国海洋生物物种资源的宝库，这里栖息着鱼类 500 多种、虾类 200 多种、头足类近 50 种、蟹类 190 多种，盛产鱿鱼、石斑鱼、海参等名贵鱼类。此外，东海附近的浙江省、福建省在海洋生物资源方面的优势也比较突出。浙江海域是东海渔场的主体，其拥有的舟山渔场为全球四大渔场之一，近海最佳资源可捕量居全国第一。

浙江省海域有鱼类 428 种、虾类 67 种、头足类 18 种，以及丰富的海蜇、蟹类等，渔业资源量可达 200 万 t 以上。

与此同时，福建省也是我国著名的海洋生物资源大省，海域主要水产生物有鱼类 752 种、蟹类 233 种、头足类 47 种、贝类 345 种、藻类 201 种等，并且拥有多种经济价值较高的贝类，如牡蛎、缢蛏、花蛤、泥蚶等，被誉为全国“四大贝类之乡”。

2009 年沿海各省市海洋捕捞养殖产值比较（据中国海洋年鉴编纂委员会，2010）　单位：t

省(自治区、直辖市)	海洋捕捞产量	海水养殖产量
辽宁	14 83 097	2 896 175
天津	16 459	14 067
河北	253 317	300 567
上海	168 500	0
江苏	570 008	734 960
浙江	31 52 295	857 893
福建	2 049 374	2 930 254
山东	2 370 891	3 814 304
广东	1 525 341	2 346 157
广西	801 088	1 271 630
海南	1 050 402	198 620
合计	13 440 772	15 364 627

同时，渤海海域附近的山东省和辽宁省海洋生物资源也相当丰富。山东省附近栖息和洄游的鱼虾类达 260 多种，浅海虾、贝、藻类近百种，对虾、扇贝、鲍鱼、刺参、海胆等海珍品的产量均居全国首位。辽宁省可利用海洋生物有鱼类 117 种、虾类 20 余种、蟹类 10 余种、贝类 20 余种等，还有大黄鱼、小黄鱼、鲍鱼、海参等海珍品资源。

浙江省一直都是我国海洋捕捞第一大省，2009 年海洋捕捞产量达 315.2 万 t，遥遥领先其余沿海省市，山东省和福建省位居其次。而在海水养殖方面，山东省近几年来异军突起，2009 年以 381.4 万 t 跃居我国海水养殖第一大省。此外，福建省、广东省、辽宁省也是我国著名的海水养殖大省。由此可见，山东省及浙江省在海洋生物资源总量及其开发方面具有绝对的优势，而广东省及福建省也具有巨大的开发潜力（宁凌等，2013）。

4.2 海洋动物资源

海洋动物是海洋中异养型生物的总称。

海洋动物大部分不进行光合作用，不能将有机物合成为有机物，只能以摄食植物、微生物、其他动物及有机碎屑物质为生。

海洋动物共有几十个门类，包括无脊椎动物、原索动物和脊椎动物三大类。其中，海洋无脊椎动物占 95%，海绵、海星、海胆都属于海洋无脊椎动物。海洋原索动物是介于海洋无脊椎动物与海洋脊椎动物之间的类动物，包括尾索动物、头索动物。海洋脊椎动物包括海洋鱼类、爬行类、鸟类和哺乳类。其中，鱼类有圆口纲、软骨鱼纲和硬骨鱼纲，爬行类有棱皮龟科、海龟科、海蛇科。

海洋无脊椎动物

无脊椎动物主要的门类有原生动物、海绵动物、软体动物、棘皮动物和半索动物等。其中，腕足动物、毛颚动物、须腕动物、棘皮动物、半索动物等是海洋中特有的门类。下面是部分门类的介绍。

▶原生动物

形态特征：大多原生动物个体微小，一般不超过 250μm，需借助显微镜观察。动物体由一个细胞构成，需要细胞器承担各种生理功能，细胞结构复杂。大多数的原生动物都有专门的运动细胞器，即鞭毛、纤毛、伪足等。

生活习性：原生动物有多种多样的营养方式。植鞭毛虫类体内含有色素体，能像植物一样利用色素体进行光合作用，属于植物性营养；孢子虫类等能通过体表的渗透作用从周围环境中摄取有机质，属于腐生性营养；绝大多数原生动物则通过取食活动获得营养，属于动物性营养。

呼吸方式：绝大多数原生生物通过气体的扩散，依靠体表从周围水中获得氧气呼吸产生的二氧化碳和其他代谢废物也可以通过体内的扩散作用从体表排出。

繁殖方式：包括无性生殖（二分裂法）、有性生殖（融合、接合、自体受精和假配）。

分类：目前已命名的原生动物大约有 65 000 种。其中，约半数为化石种，约 10 000 种为寄生种。在现生种类中，包括了 250 种寄生和 11 300 种自由生活的肉足虫（其中有孔虫 4600 种）、1800 种寄生和 5100 种自由生活的鞭毛虫、5600 种寄生孢子虫、2500 种寄生和 4700 种自由生活的纤毛虫。

原生动物代表动物有有孔虫、夜光虫、放射虫、沙壳纤毛虫等。

有孔虫属于肉足虫类，是古老的原生动物，5 亿多年前就已生活在海洋中，至今种类繁多。有孔虫多数体外具有钙质形成的外壳，且壳上有孔，以便伸出伪足，因此得名。有孔虫的种类和数量巨大，虫体死后其坚硬的外壳沉积于海底，形成海底软泥。人们用有孔虫化石来研究地层构造，寻找矿产和石油。

夜光虫属于鞭毛虫类，身体呈球形，是原生动物中较大的种类，以捕食硅藻及小型桡足类等小生物为食。夜光虫无色，但当它繁殖过盛并大量密集时，常呈粉红色，是亚热带和热带海区发生赤潮的主要生物之一。夜光虫具有强烈的发光能力，受到刺激时即发光，是海上发光现象的主要发光生物。夜光虫几乎遍及世界各个海域，在我国沿海地带有大量分布，河口附近的数量更多。

有孔虫

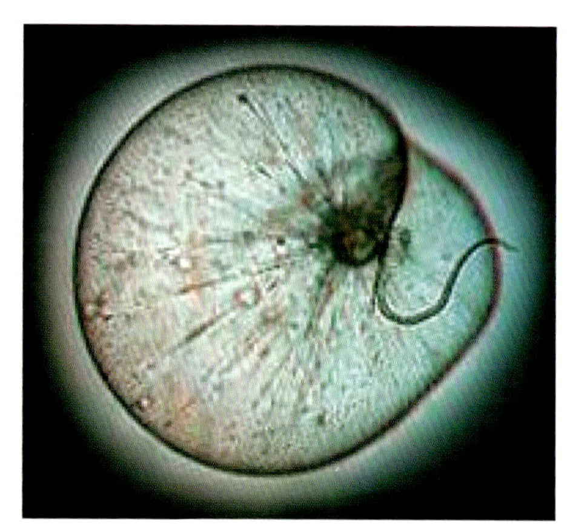
夜光虫

▶海绵动物

形态特征：海绵动物是一种古老的原始多细胞动物，因多孔如絮而得名。海绵个体形似瓶、壶等，有时能连成群体，其身体由多细胞组成，但细胞间没有形成组织或器官。海绵动物没有神经细胞或其他协调细胞之间活动的细胞，所以一定程度上被认为是原生动物集合体。

海绵动物

生活习性：为满足新陈代谢需求，海绵动物依靠细胞的鞭毛摆动将水流从进水孔引到中央腔，随水流进入中央腔的食物颗粒落入领鞭毛细胞，领鞭毛细胞将不消化的东西从中央腔引到出水口。一个高仅 10cm 看似不活跃的海绵，每天过滤的海水可多达 100L。

繁殖方式：通过断裂和出芽进行无性生殖，也可进行有性生殖。海绵动物多数为雌雄同

体，但雌性和雄性细胞往往不同时成熟，这样可以避免自体受精。

分类：现存海绵动物有 6000 余种，大小、形态和颜色变化较大。海绵动物依据其骨针类型分类。有些海绵具有骨针组成的内骨骼，骨针是针状结构，具有 1～6 个星状分支。海绵动物分为 4 纲 25 目。

▶软体动物

形态特征：软体动物的形态结构变异较大，但基本结构相同。身体柔软，不分节，可区分为头、足、内脏团 3 部分，体外被套膜，常分泌有贝壳。头部位于身体的前端（王国强，2012）。运动敏捷的种类，头部分化明显，头部上有眼、触角等感觉器官，如田螺、蜗牛及乌贼等软体动物；行动迟缓的种类头部不发达，如石鳖；穴居或固着生活的种类，头部退化消失，如蚌类、牡蛎等。足部通常位于身体的腹侧，为运动器官，常因动物的生活方式不同而形态各异。有的足部发达，呈叶状、斧状或柱状，可爬行或掘泥沙；有的足部退化，失去了运动功能，如扇贝等；固着生活的种类则无足，如牡蛎；有的足已特化成腕，生于头部，为捕食器官，如乌贼和章鱼等，称为头足；少数种类足的侧部特化成片状，可游泳，称为翼或鳍，如翼足类。

软体动物

生活习性：软体动物大多数为雌雄异体，也有一些为雌雄同体，卵裂形式多为完全不均等卵裂。个体发育经历担轮幼虫和面盘幼虫两期幼虫，垂直分布上大多数海生种类分布在潮间带和浅海，有些种类如鹦鹉贝在深海和浅海中均有分布。

分类：主要根据形态分为 7 纲，分别为单板纲、多板纲、无板纲、腹足纲、双壳纲、掘足纲、头足纲。

▶刺胞动物

形态特征：体壁由外胚层、内胚层和中胶层组成。刺胞动物的骨骼主要为外骨骼，具有支持和保护功能，多由几丁质、角质和石灰质构成。很多珊瑚虫具有骨针或骨轴，它们存在于中胶层，或突出于体表面。

刺胞动物

生活习性：刺胞动物很少能做主动移位运动，其运动是由表皮细胞中肌原纤维收缩引起的，运动能力有限。钵水母类和珊瑚类的肌原纤维已与表皮细胞分离，形成独立的一层肌纤维。水母可以向上做垂直运动，也可以因为水流和风力的推动而被动地进行水平运动。刺胞动物都是肉食性的，以浮游生物、小的甲壳类和多毛类、小的鱼类为食。

繁殖方式：无性生殖和有性生殖在刺胞动物中都是很普遍的。无性生殖的主要形式是出芽生殖，在水螅型中更为常见。

分类：刺胞动物除极少数种类在淡水生活外，绝大多数种类在海洋生活，且多数为浅海种，少数为深海种。刺胞动物在热带和亚热带海洋的浅水区最丰富。据统计，水螅虫纲约2700种，钵水母纲约250种，珊瑚虫纲约7000多种，一般认为水螅虫纲是最原始的。

▶棘皮动物

形态特征：外观差别很大，有星状、球状、圆筒状和花状，呈辐射对称（次生辐射对称），由管足排列表现出来。尽管棘皮门各纲动物体形有很大差别，但基本构造十分一致。海星和蛇尾类呈星形，上下扁平，体轴很短，口面朝下，管足沿着腕（辐部）呈放射状排列。海胆和海参体轴延长，辐部和间辐部结合，体形呈球形或圆筒形，管足呈子午线排列。海百合口面向上，反口面具长柄或卷枝供附着用。

生活习性：棘皮动物全部生活在海洋中，分布广泛，栖息于潮间带到水深几千米的深海中，大多数种类营底栖生活。棘皮动物通常有很强的再生能力。例如海参受刺激时会将内脏排出体外，以后可再生出新的内脏器官；海星的腕或体盘受损或自切后，均能够再生，有的种类甚至单独的腕就能再生出完整的新个体。

海星

海胆

海参

海百合

分类：棘皮动物现存 6000 多种，化石种类更多达 13 000 种。我国沿海的棘皮动物有 30 余种。依据固着的柄或卷枝的有无、腕的有无、步带沟的有无与开合、消化道与骨骼的形状等，棘皮动物分为 2 亚门 5 纲。

有些棘皮动物是珍贵食品，如海参等。在海洋生态系统内，棘皮动物在某些底栖动物群落中常为优势种。在海底深渊的底栖动物生物量中，棘皮动物最高可占 90%。在研究海洋动物地理学上，棘皮动物常是很好的指标种。某些吞食性种类能够大量搬运腐殖物质，能减少海底微生物的活动。某些蛇尾类常是底栖鱼类的饵料。海星喜吃贝类，故在贝类养殖时，海星是贝类的敌害。棘皮动物化石种类甚多，在地质学上占有一定地位，有的灰岩地层全部由分解了的海百合骨骼构成。在实验胚胎学等基础理论研究方面，海胆卵是很好的实验材料之一。某些棘皮动物具有毒腺或毒液，可用于药物的研发，例如从几种海参中分离出的海参素和黏多糖具有抗癌活性。

▶节肢动物

形态特征：节肢动物身体可分为头、胸、腹 3 个部分，有的头部与胸部愈合为头胸部，有的胸部与腹部愈合为躯干部，每一体节上有一对附肢。体外覆盖几丁质外骨骼，附肢的关节可活动。

节肢动物

生活习性：节肢动物生长过程中会定期蜕皮。循环系统为开管式。水生种类的呼吸器官为书鳃，陆生种类的呼吸器官为气管或书肺，有的两者兼有。神经系统为链状神经系统，有各种感觉器官。节肢动物多雌雄异体，生殖方式多样，一般为卵生。

分类：对节肢动物的高级阶元分类系统还存在很多争议。目前被研究者普遍接受的分类系统将现生的节肢动物门分为 4 亚门，螯肢亚门和甲壳亚门主要分布在海洋中，而六足亚门、多足亚门的海洋种类和相关研究较少。

▶原索动物

原索动物是无脊椎动物进化到脊椎动物的过渡型，是脊索动物门原始的一群。它们骨骼的中轴，由一条完整没有骨节又具有弹性的脊索构成，这使它们的身体能弯曲自如。

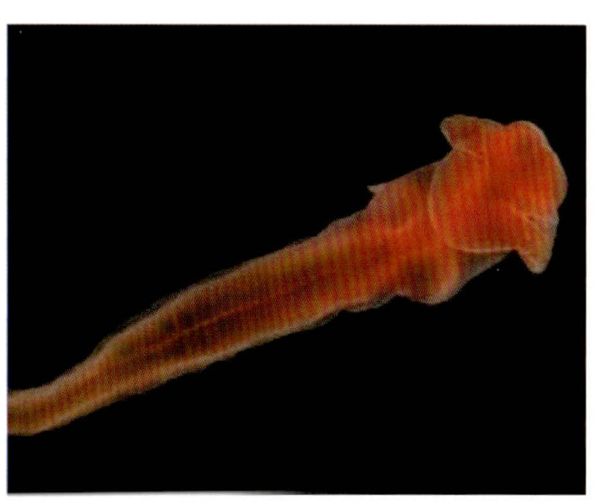

原索动物

原索动物分为尾索动物、头索动物二亚门。海鞘是尾索动物的代表，文昌鱼是典型而古老的头索动物。尾索动物和头索动物是脊索动物中最原始的类群，是原索动物的主要组成部分。

海洋脊椎动物

海洋脊椎动物是指终生或生命的某阶段在海洋环境中生活并与海洋生物有密切联系的脊椎动物。

海洋脊椎动物可以分为真海洋脊椎动物和半海洋脊椎动物。真海洋脊椎动物终生在海中栖息、摄食和繁殖，甚至育仔都在海中，如多数鱼类和鲸类。半海洋脊椎动物部分时间在海里度过，部分时间需要迁徙到陆地或淡水去繁殖和生长发育，如一些淡海水游鱼类、两栖类、爬行类及海陆迁徙鸟类等。半海洋脊椎动物的栖息场所包括河口、大陆浅海、沿海岛屿、珊瑚礁群、远洋以及深邃的洋盆底沟等。半海洋脊椎动物需要不同的生活环境，并采取不同的生活方式来适应生存和发展。

海洋脊椎动物包括海洋鱼类、爬行类、鸟类和哺乳类。其中，海洋鱼类有圆口纲、软骨鱼纲和硬骨鱼纲。海洋爬行类有棱皮龟科（如棱皮龟）、海龟科（如蠵龟和玳瑁）、海蛇科（如青环海蛇和青灰海蛇等）。海洋鸟类的种类不多，仅占世界鸟类种数的0.02%。信天翁、鹱、海燕、鲣鸟、军舰鸟和海雀等都是人们熟知的典型海洋鸟类。

海洋哺乳动物是海洋中的一个特殊类群，它们既有哺乳类的许多共同特点，如胎生、哺乳、体温恒定、用肺呼吸等，又经漫长的自然选择和演化过程，形成了其独特的形态结构、生理机能和生态习性以适应海洋生活，如体呈纺锤形以适应游泳、体被一层厚厚的脂肪或毛以利保持体温、前肢鳍状等。

海洋鱼类

海洋爬行类

海洋鸟类

海洋哺乳类

4.3 海洋植物资源

海洋植物是一类生活在海洋中利用叶绿素进行光合作用的自养生物，是海洋的初级生产者。海洋植物门类繁多，包括低等的海藻、高等的海草和红树等（范宇光等，2020）。

藻类是海洋植物的主要成员，包括浮游生活的单细胞藻类（硅藻、甲藻、金藻、黄藻、裸藻和单细胞绿藻）以及附着生活的多细胞藻类（绿藻、褐藻、红藻），另外还有属原核生物界的蓝藻。海洋植物还包含被局限在河口、海湾、潮间带、浅海或滨海湿地等有限海域的少数维管植物，包括红树植物、半红树植物、海草、盐沼植物和其他海岸耐盐植物等。例如分布相对较广的大米草和大叶藻，只能在暖温带、热带海域潮间带、浅海、河口生长的红树、木榄和秋茄，以及伴随红树林生长的喜盐草等。

海藻

形态特征：藻类的形体构成非常简单。浮游微藻甚至简单到只有一个细胞，其他海藻类则由多细胞构成球形、盘状、丝状、管状、叶状或是枝状等多种形状。它们的细胞组成没有根、茎、叶这些器官的分化。不过，大型海藻通常在底部可以形成固着器，类似陆地植物的根，可以牢固地攀附在泥沙、岩石等基质上，但是这样的固着器只起固着作用，不能像真正的“根”那样吸收水分和营养。

海藻

生活习性：藻类是一群最简单、最古老的低等植物，但包含的物种繁多，分布的地域极广，从热带到两极凡潮湿的地区都可找到它们的踪迹。藻体结构简单，即便是长度达到 60m

左右的巨藻，藻体仍是柔软的，可以抵御海流浪、潮的冲击。随水流摆动的海藻含有光合色素，可以进行光合作用，属于低等海洋生物(李洪武和宋培学，2012)。不同的海藻含有不同的色素，生存在不同光强和光质的水层中，海藻藻体无根、茎、叶的分化，一般通过"假根"固定于岩礁、沙砾等基质上，栖息于海底或潮间带。海藻的生命周期短，但繁殖方式复杂多样，同一物种通常具备多种繁殖方式，既有简单的无世代交替，也有复杂的多世代交替。

分类与分布：在生物学分类系统上，海藻按照传统分类概念，分为蓝藻门、原绿藻门、绿藻门、红藻门、藻门、硅藻门、甲藻门、金藻门、隐藻门、探藻门和黄藻门共 11 门。世界上海藻资源非常丰富，有近万种。海洋环境的特殊性使海藻的分布具有多样性，许多海藻物种都有特定的分布区域和生长环境。全球藻类分布不均，目前已利用的经济藻类有 100 余种，主要生产地集中于亚洲，尤其是中国、日本和朝鲜半岛。

海草

形态特征：海草是一类完全适应海洋环境的水生高等被子植物，具有根、茎、叶的分化，在分类上属于单子叶植物。海草在海洋中营沉水生活，并在海水中完成开花、传粉和结果等整个生活史过程。与海洋藻类相比，海草植株因具有维管束等输导组织，具有相对发达的机械支持系统。在长期的演化过程中，海草为适应海洋环境进化出了一些抵抗沙与海浪的特殊结构，如具有发达的根状茎并与沉积物紧密结合在一起，增强了植株的固着力。

海草的生长速度和寿命与其大小成反比。个体越小的海草，生长速率越快，寿命越长。所有的海草都具有地下茎，且能进行无性繁殖。大多数海草主要通过地下茎的延展形成草甸。海草可进行有性繁殖和无性繁殖。在自然环境中海草通常丛生，并形成群落(海草床)。

海草床

习性与分布：海草主要生长在低带和浅海的泥滩、沙洲以及珊礁上，具有地下茎，且通过地下茎进行无性繁殖。由于受到水体中光照条件的限制，海草一般生长在水深小于 30m 处，大部分海草生长在潮下带，但部分物种如大叶藻、虾海藻和二药藻则生长在中潮带，在极端情况下有些海草甚至可以在深达 50m 的水下生存繁衍。

海草在全球有十大分布区域，分别是北太平洋区、智利区、北大西洋区、加勒比海区、西

南大西洋区、东南大西洋区、地中海区、南非区、印度洋-太平洋区和南澳大利亚区。我国北方海域的海草属于中北太平洋区，主要分布在辽宁、河北和山东等近海区，代表物种主要为大叶藻。我国南方的海草属于中印度洋-太平洋区，主要分布在福建、台湾、广东、香港、广西、海南和西沙群岛等海域，其中广东、广西的海草代表性物种为喜盐草，海南和台湾则以泰来藻为优势种。

喜盐草

泰来藻

分类：全球范围内海草共有 59 种，属 4 科 12 属，我国共发现 20 种，分别属大叶藻属、喜盐草属、川蔓藻属、虾海藻属、丝粉藻属、二药藻属、针叶藻属、泰来藻属、海菖属和全草属。

红树林

红树林植物是一类生长在热间带的木本植物，南海是盛产红树的地方，红树体内含大量单宁，单宁在空气中氧化后，其附着的枝呈红褐色。退潮以后，红树在海边形成一片“海上林地”，它们对调节热带气候和防止海岸侵蚀起着重要作用。

红树植物构成的树林，称为红树林。红树林主要生长在隐蔽海岸，常在有海水渗透的河口、潟湖或有泥沙覆盖的珊瑚礁上。国际红树林中心依据红树林的植物生育型将其分为真红树林植物、半红树林植物和红树林伴生植物。

红树林

真红树林植物是指出现在河口潮间带的木本植物，具有为适应环境而演化出的气生根和胎生现象，以红树科的18种植物为代表。全世界约有60种真红树林植物。中国真红树林植物有24种，主要分布在南海沿岸和福建、台湾沿岸，仅秋茄一种少量分布于浙江潮间带。从分布面积来看，广东居首位，广西次之，海南和福建分别居第三位、第四位，浙江和澳门极少。常见真红树林植物有红海兰（红海榄）。

红海兰（红海榄）

黄槿

半红树林植物是指能在潮间带生长且能延伸到陆生态系统的植物，许多海岸植物均可列入，如老鼠簕、白莲叶桐、玉蕊以及行道树常选用的黄槿、海檬果等。中国半红树林植物有12种。

红树林伴生植物是指随红树林生长的草本、蔓藤及灌木等植物，通常生长在红树林的边缘带。马鞍藤、冬青菊、苦林盘等都是常见的红树林伴生植物。

红树林植物具有以下 3 个最典型的特点。

特殊根系：红树林最引人注目的特征是密集且发达的根系，根系可分为支持根和呼吸根两类。呼吸根由主干或较低的树干分长出，悬垂向下生长，进入土壤后形成支持根，支持根可进行呼吸并具有支撑植株的作用。秋茄的呼吸根还可向侧方延伸，最后形成板状的支持根，支撑作用更强。地下根由支持根长出，在向下形成走根后，再向上长出新的呼吸根，直立露出土面。呼吸根外表有粗大的皮孔，内有海绵状的通气组织，满足了红树林植物对空气的需求。

红树林的呼吸根

能排盐的叶：红树林植物叶片的表皮角质层厚，具有储水组织、排水器和栓质层，气孔凹陷或被密集毛状体包围，以减少水分散失。有的叶片则具有盐腺，以调节组织的盐分，如水笔，可借老叶的脱落来排除多余的盐分。

能排盐的叶子

胎生现象：有些红树林植物的种子还没有离开母体的时候就已经在果实中开始萌发，长成棒状的胚轴。幼苗垂挂在枝条上，可从母株吸取养分。胚茎上有多数皮孔，可进行气体交换。当幼苗脱离母株时，有些可插入泥中，长出侧根，再长成幼树。有些幼苗即使没有顺利插入泥中，由于胎生苗的细胞间隙大且富含漂浮组织，可以随波逐流，再次定着在适当地点。在盐度高，土质松软、缺氧和水中含氯量高的环境下，胎生繁殖正是最有利的适应方式。

红树林胎生现象

4.4 海洋微生物资源

一般认为,分离自海洋环境,正常生长需要海水,且可在寡营养、低温条件下生长的微生物可视为严格的海洋微生物。然而,有些分离自海洋的微生物生长不一定需要海水,但可产生不同于陆地微生物的代谢物(如溴代化合物抗生素),或拥有某些特殊的生理性质(如盐受性、液化琼脂等)也被视为海洋微生物(朱斌等,2002)。这些微生物中不仅包括起源于海洋的种类,还包含起源于陆地后流入海洋中并适应海水环境的微生物种类,几乎包括了所有的微生物种类,如病毒等非细胞类生物,以产甲烷细菌和嗜盐细菌为代表的古细菌,陆地环境常见的细菌种类以及种类繁多的真核微生物。

海洋微生物种类繁多,据统计有100万~2亿种,在正常海水中的数量一般为10种/mL,主要包括嗜压、嗜冷、嗜热、嗜酸、嗜碱、抗辐射和极端营养等众多类型。海洋微生物的空间分布十分广泛,无论是在近海红树林生态系统、珊瑚礁生态系统和最深的马里亚纳海沟,还是在极冷的北冰洋坚冰下和温度高达400℃的深海热液喷口,科研人员都分离到了适应所处极端环境的海洋微生物。

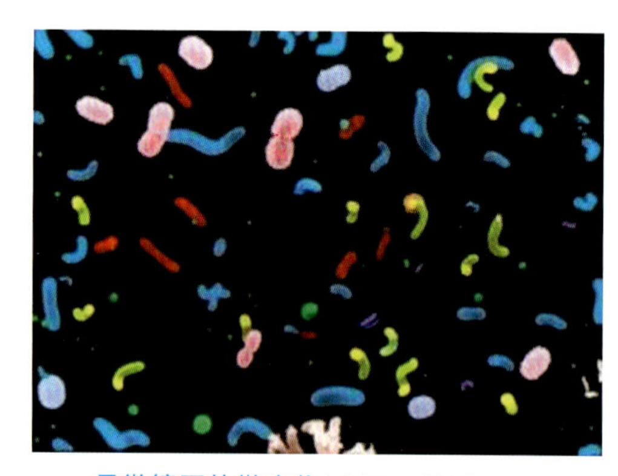
显微镜下的微生物(来源:《科普中国》)

海洋微生物与陆源微生物系统进化关系差异较大,新物种资源非常丰富,海洋微生物的物种多样性决定了它们的遗传多样性、代谢多样性、化学多样性和功能多样性。美国J. Craig Venter Institute(美国克雷格·文特尔研究所)通过环境基因组技术在世界各大海域的海水样本中发现了60多万个新的蛋白质编码DNA序列,几乎是现有数据库中数量的2倍,显示了海洋微生物是个巨大的基因资源宝库。

▶分布

海洋微生物分布广,数量多,在海洋生态系统中起着特殊的作用。海洋中微生物数量分布的规律一般表现为近海区的微生物密度较大洋大,内湾与河口内密度尤其大;表层水和水底泥界面处微生物密度较深层水大,一般底泥中较海水中大;不同类型的底质间微生物密度悬殊,一般泥土中高于沙土。大洋海水中微生物密度较小,在海洋调查时常发现某一水层中微生物数量剧增,这种分布现象主要取决于海水中有机物质的分布状况。

▶生物特性

与陆地相比,海洋环境以高盐、高压、低温和寡营养为特征。海洋微生物长期适应复杂

的海洋环境，具有嗜盐性、嗜压性、嗜冷性、低营养性、趋化性、多形性等特点。

作为分解者的海洋微生物促进了物质的循环，在海洋沉积成岩和海底成油成气过程中，起到了重要作用，还有一小部分化能自养菌则是深海生物群落中的生产者。海洋细菌可以污染水工构筑物，在特定条件下其代谢产物如氨及硫化氢也可毒化养殖环境，从而对养殖业造成经济损失。但海洋微生物的拮抗作用可以消灭陆源致病菌，其巨大分解潜能几乎可以净化各种类型的污染，还可能提供新抗生素以及其他生物资源，因而随着研究技术的进展，海洋微生物日益受到重视。

4.5 海洋生物资源调查

调查思路

海洋生物资源调查的根本目标是深入了解海洋生态系统的健康状况、生物种群的数量和分布，以评估它们的可持续性和潜在威胁。明确的目标有助于研究者更有效地进行调查和分析，节省时间和资源。通常这些调查的需求来源于政府政策、企业需求或学术研究，目的可能是为了生物资源的开发、保护或科研。

调查通常会在具有特殊生态或经济价值的地区进行，比如某一渔场、珊瑚礁区域或红树林保护区。确定了调查目标后，就需要规划调查区域，根据预期的调查结果来选择。这可能包括了解特定区域的生物多样性，或评估某个渔场的鱼类资源状况。研究人员需要查阅相关的地图、文献和之前的调查报告，以了解潜在调查区域的基本情况，比如海洋环境、水文气象条件和生物分布。

选择合适的调查方法和工具对于保证数据质量和调查效率至关重要。这可能包括拖网、潜水观察、定点取样等方法，以及使用水下摄像机、声呐设备、温度计和盐度计等工具。收集的样本需要进行标记，并记录关键信息如采样地点、时间和深度。此外，收集相关的环境数据，如温度、盐度、光照和流速等，这些数据有助于后续分析生物分布和活动的环境因素。

实地调查数据收集完成后，研究人员需要从中提取有意义的信息。这包括数据的清洗、描述性和推断性统计分析，计算物种丰富度、多样性指数等，以及使用地理信息系统（GIS）等工具分析生物资源的空间分布特征。同时，还需分析生物资源与环境因素的关系，构建数学模型或仿真模型来预测未来的生物资源动态或模拟管理策略。

最后，基于数据分析结果，研究人员将对生物资源的状态、变化和影响因素进行解释与讨论，并与其他研究或文献进行比较。此外，补充说明评估数据分析的不确定性和误差，如置信区间、敏感性分析等。这些步骤将有助于更全面地理解海洋生物资源的当前状况和未来趋势，为可持续管理提供科学依据。

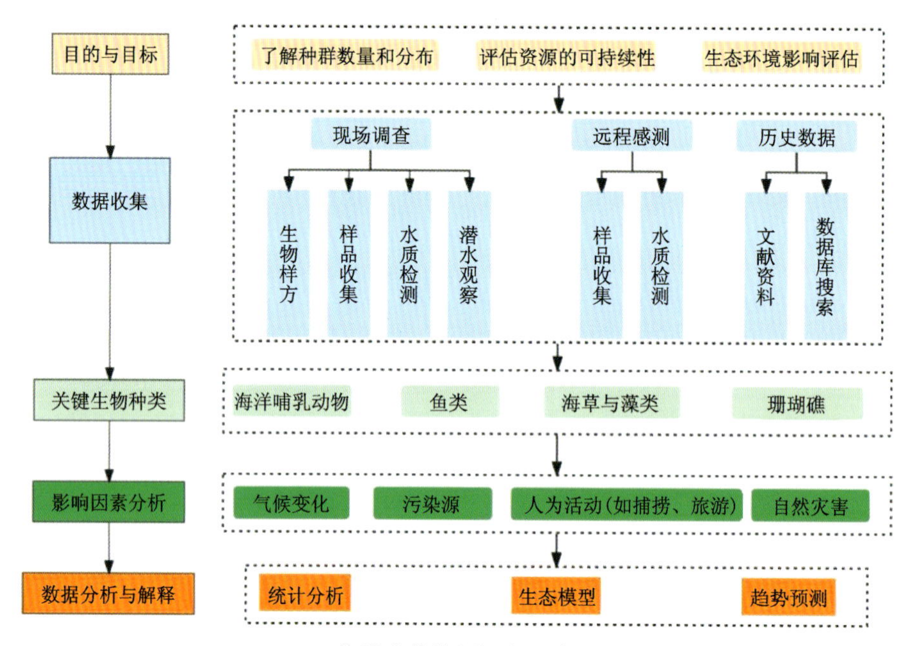

海洋生物资源调查思路

调查技术手段

海洋生物资源调查涉及多种技术手段，每种都有其特定的优势和局限性。这些技术可以根据研究需求和目标灵活选择与组合使用。

遥感技术：这种技术能够实现大范围、实时的生物和生境监测，非常适合海洋广阔区域的观察。它可以通过卫星或飞机获取海洋表面温度、色素浓度等数据，帮助识别生物丰富的区域。然而，遥感技术可能受到天气和水质的影响，且难以获取水下深层的信息。

声呐技术：声呐技术主要用于探测深海环境和大型海洋生物，能提供关于深度、地形和大型鱼群的信息。它对于测量水体深度和地下结构特别有用。然而，声呐技术在识别具体种类方面有限制，主要提供数量和分布的大致信息。

水下摄影和录像：这种方法可提供直观的生态环境画面，对于记录和展示生物行为、生境特征非常有效。水下摄影和录像可以捕捉到精细的细节，但其覆盖范围相对较小，且受到水下环境光线和透明度的限制。

渔网和拖网：通过使用渔网和拖网，研究人员可以直接获取生物样本，进行种类鉴定和生物学分析。这种方法可以提供关于物种组成和数量的具体数据，但存在潜在的生物伤害风险，并可能对海洋生态造成干扰。

潜水观察：潜水观察为研究人员提供了直接接触海洋生物的机会，特别适用于珊瑚礁、海草床等浅水区域。这种方法允许详细记录个体和群体的行为，但受潜水员时间和深度限制，且在恶劣天气或危险环境中不适用。

这些技术手段的选择应基于调查目标和具体环境。效果、成本、可行性和潜在影响都是选择时需要考虑的因素。在实际应用中，通常会结合多种方法，以获得更全面和准确的海洋生物资源信息。

海洋生物资源调查技术手段对比表

技术手段	适用范围	优点	缺点
生物样方	红树林、海草床等生态系统植被及系统内其他生物	可获取沿海近岸植被的基础数据；可直接获取生物标本	受调查区底质和潮水限制；对调查员有一定风险
拖网	底层或中层鱼类及其他生物	可获得实际生物样本；种类和数量明确	对生物和生态系统有一定干扰；可能存在选择性偏见
围网	浅水区域的鱼群或其他大型生物	可捕获大片区域的鱼群；较低的样本损失率	设备昂贵；可能对非目标生物造成干扰
潜水观察	浅海珊瑚礁、海草床等生态系统	无需捕捉生物；观察生态行为	受潜水深度和时间限制；对潜水员有一定风险
遥控潜水器（ROV）	深海环境及其他难以潜水的区域	可达到深海；长时间操作；无人工风险	成本高；对某些生物可能造成干扰
声学测量	大型鱼群和其他生物的定位、数量估计	非侵入式；大范围快速调查；可连续监测	需要对回声信号进行解释；可能受到其他非生物因素的干扰
卫星遥感	海表面特性如温度、盐度、叶绿素含量等的大范围监测	覆盖大面积；连续性数据；不受天气限制	只能获得表面数据；需要专业技能解读
环境 DNA（eDNA）	检测特定区域的生物种类	非侵入式；对难以直接观察的生物特别有用；可能检测到未知种类	技术要求高；可能存在污染或混淆
水下摄像机	监测和记录特定区域的海洋生物	非侵入式；可真实记录生物行为和互动	电池续航时间有限；需要后期大量分析
采水器采样	用于叶绿素浓度和初级生产力、微生物、浮游生物等调查	非破坏性的采样，不会对生物体造成明显伤害；采样便捷；采集效率高	采样物资混合复杂；无法提供有关生物行为和生态学特征的详细数据

调查目的与内容

海洋生物资源调查的目的是了解海洋中的生物资源，包括它们的种类、数量、分布和生态习性。此外，调查还旨在评估这些资源与环境因子的关系，如温度、盐度和深度等。通过这些数据，可以评估特定海域的生物多样性健康状况、食物链关系、生态过程以及人为活动对这些资源的影响。此外，调查结果为制订资源管理和保护策略、预测未来资源趋势、应对气候变化的影响，以及促进科学研究和教育提供了科学依据。

海洋生物资源调查目的表

调查目的	调查要素	内容
生物多样性评估	物种丰富度	记录调查区域内所有已知的生物物种
	生物数量	对每个物种的数量或丰度进行估计或实际计数
	生物分布	记录每个物种在调查区域内的分布模式
种群动态	年龄结构	使用年轮学、体长和其他方法对捕获的生物样本进行年龄分析
	生长率	通过对不同年龄组的生物的大小或体重进行测量，评估其生长速度
	繁殖情况	了解哪些生物是生殖成熟的，它们的繁殖频率以及繁殖的季节性和地点
生态关系	食物链/网	了解不同生物之间的捕食-被捕食关系
	生态位	定义每个物种在生态系统中的角色，如它们的食性、生活习性和生活史策略
	互作关系	研究生物之间的相互作用，如竞争、共生或其他互助关系
环境参数	物理参数	如温度、盐度、流速、深度等
	化学参数	如溶解氧、营养盐、pH、CO_2 浓度等
	生物学参数	如叶绿素浓度、浮游生物丰度等
生物行为研究	迁移模式	跟踪、记录某些物种的迁移路线和习性
	繁殖行为	研究生物的配对、产卵、孵化等行为
	捕食和觅食行为	观察、记录生物的食性和觅食方式
生态系统健康	生态系统结构	评估生态系统中生物和非生物要素的组成
	生态系统功能	了解生态系统如何运作，例如初级生产率、物质循环和能量流动
	干扰和应激反应	评估生物对于环境变化、污染或其他干扰的响应
人为影响评估	捕捞压力	评估过度捕捞、非法捕捞等对生物资源的影响
	污染	调查区域的污染状况，如塑料污染、化学污染等
	生境变化	了解由于填海、疏浚、海岸线开发等活动导致的生境丧失或变化
保护和管理建议	优先物种或区域	基于调查数据，建议特定的物种或区域作为保护的重点
	管理策略	提出具体的管理建议，如设立海洋保护区、制定捕捞配额、推行可持续捕捞实践等

调查(如叶绿素等)可参考现行标准,如《海洋调查规范第6部分:海洋生物调查》(GB/T 12763.6—2007)、《海洋沉积物间隙生物调查规范》(GB/T 34656—2017)、《海洋微型底栖生物调查规范》(HY/T 140—2011)等。这些标准规定了海洋生物单个要素调查的技术要求、方法和程序,旨在确保海洋生物调查的质量和一致性。在《海洋调查规范第6部分:海洋生物调查》(GB/T 12763.6—2007)里面将海洋生物资源调查内容分为10类,不同的调查内容需要使用不同的调查方法,应用到不同采样设备。例如潮间带生物调查一般使用PVC样框及过筛器在滩涂定量采样框里面获取生物标本,使用酒精保存标本后进行形态特征识别或DNA生物识别鉴定种类,以获取种类组成、数量等相关信息。简要的调查内容及方法如下表,开展调查作业需要详细阅读相关标准规范后执行,以确保调查数据的质量。

海洋生物资源调查内容与方法表

调查内容	采样方法	采样设备	调查要素	分析方法
叶绿素、初级生产力和新生产力	规定水层采水样	尼斯金采水器（NISIN 采水器）、击开式采水器	垂直分布及其季节变化	萃取荧光法
				高效液相色谱（HPLC）法
				^{14}C 示踪法
微生物	规定水层采水样	尼斯金采水器、击开式采水器	微生物丰度	荧光显微镜直接计数：SYBR Green Ⅰ直接计数法、吖啶橙直接计数法、DAPI 直接计数法、细菌体积测定-显微摄影、幻灯测量法
				培养计数法：滤膜萌发计数法、平板计数法、最可能数（MPN）计数法
	采泥样	箱式采样器、多管采样器、弹簧采泥器	细菌生产力	[甲基-^{3}H]-胸腺嘧啶核苷酸示踪法
				^{3}H-亮氨酸示踪法
			微生物异养活性	^{14}C 葡萄糖示踪法
			生态呼吸率	溶解氧滴定法
微微型、微型和小型浮游生物	规定水层采水样	尼斯金采水器、击开式采水器	种类组成	物种鉴定
	采泥样	箱式采样器、多管采样器、弹簧采泥器	丰度分布	落射荧光显微镜计数
	垂直分段拖网	小型浮游生物网、浅水Ⅲ型浮游生物网、手拖定性浮游植物网		光学显微镜计数
				甲藻孢囊细胞浓度
大、中型浮游生物	垂直分段拖网	大型浮游生物网、中型浮游生物网、浅水Ⅰ型浮游生物网等	种类组成和数量分布	物种鉴定
鱼类浮游生物	垂直或倾斜拖网	大型浮游生物网、浅水Ⅰ型浮游生物网、双鼓网等	鱼卵和仔、稚鱼的种类组成与数量分布	物种鉴定

续表

调查内容	采样方法	采样设备	调查要素	分析方法
大型底栖生物	采泥	抓斗式采泥器、弹簧采泥器、箱式采样器	测定生物量、栖息密度、种类组成、数量分布及其群落结构	物种鉴定
	拖网	阿氏拖网、三角形拖网、桁拖网、双刃拖网、深拖光学系统和深海底栖生物拖网		
小型底栖生物	采泥	弹簧采泥器、箱式采样器	测定主要类群组成、栖息密度、生物量、优势类群种类组成、群落结构和生物多样性	物种鉴定
	潜水取样	有机玻璃管		
	拖网	小型生物拖网		
潮间带生物调查	滩涂定量采样框	PVC 样框和过筛器	种类组成、数量(栖息密度、生物量或现存量)及其水平分布和垂直分布	物种鉴定
污损生物	大型污损生物采样	环氧酚醛玻璃布层压板	种类、数量、附着期、季节变化、水平分布和垂直分布等	物种鉴定
	微型污损生物采样	挂板或载玻片试板	种类、数量、附着期和季节变化	物种鉴定
游泳动物	拖网	底层拖网、调查专用变水层拖网、双船底层有翼单囊 A 型拖网和 B 型拖网以及单船有翼单囊拖网	种类组成、数量分布、群体组成	物种鉴定

5 海　水

5.1 海水的特点

海水资源指海水和海水中存在的可以被人类利用的物质。海水利用包括海水淡化、海水直接利用和海水中化学资源提取。海水约占地球表面积的71%,海水和海水中存在的可以被人类利用的物质,具有十分巨大的开发潜力。其中,海水水资源的利用和海水化学资源的利用具有非常广阔的前景。

海水资源

海水的分类及特点

海水可以无限地利用,具有有增无减的特点,海水中的化学元素随海水一起进入无限循环的系统,但海水资源的开发依赖于科学技术条件。

海水和海水化学资源是重要的海洋资源。海水资源可以用于工业、农业和海水淡化获取淡水资源等方面。人类主要利用的海水化学资源包括海盐资源、海水溴资源、海水碘资源、海水钾资源、海水镁资源、海水铀资源、海水锂资源、重水资源等常量元素资源和稀有元素资源。

常见的海水化学资源

海水化学资源指海水中所含的大量化学物质。地球表面海水的总储量约13.5亿km^3,

约占地球总水量的 97%。海水中含有大量盐类，平均每立方千米的海水中含 3500 万 t 无机盐类物质，其中含量较高的有氯(1.9×10^{7} t/km^3)、钠(1.05×10^{7} t/km^3)、镁(1.35×10^{6} t/km^3)、硫(8.85×10^{5} t/km^3)、钙(4×10^{5} t/km^3)、钾(3.8×10^{5} t/km^3)、溴(6.5×10^{4} t/km^3)、碳(2.8×10^{4} t/km^3)、锶(8×10^{3} t/km^3)和硼(4.6×10^{3} t/km^3)，以及锂、铷、磷、碘、钡、铟、锌、铁、铅、铝等。它们大都以化合物状态存在，如氯化钠、氯化镁、硫酸钙等，其中氯化钠约占海洋盐类总质量(约 5×10^{18} t)的 80%。

▶溴

溴是一种赤褐色的液体，具有刺激性气味。溴蒸气对人和动物黏膜作用强烈，能引起流泪、咳嗽、头晕、头痛和鼻出血。溴在海水中的浓度较高，位于海水中元素浓度第 9 位 ，平均浓度大约 65mg/L(0.65‰)。海水中溴的总含量均 9.5×10^{12} t，地球上 99%以上的溴溶于海水中 ，故而把溴称为“海洋元素 ”。

溴可广泛应用于医药、农业、工业和国防事业等方面。许多药物都含有溴。在农业方面，溴主要用来制作熏蒸剂和杀虫剂，以消灭害虫。在工业上，溴大量的用作燃料的抗爆剂。

随着工农业生产对溴需求的与日俱增，海水提溴发展前景广阔。目前，海水提溴的生产量约占世界溴年生产量的 1/3。

目前，世界上的溴主要是从海水中直接提取的，基本上采用吹出法。吹出法就是用氯气氧化海水中的溴离子(Br^-)使其变成单质溴(Br_2)，然后通入空气和水蒸气，将溴吹出来加以吸收。我国的溴提取主要是从地下浓海水和苦卤进行中，产量较低，尚不能完全满足社会经济的需求。

▶碘

在所有天然存在的卤素中，碘最为稀缺。1825 年，法国人 Balard 证实了海水中含有碘。在大气圈、水圈和岩石圈中，碘丰度很低，属于痕量级元素。碘在海洋水体中的平均含量为 0.05mg/kg，总蕴藏量达 8×10^{10} t 左右。

碘是工业、农业和医药保健等方面的重要物资，是沿用已久的药用元素和人类生命活动必不可少的物质。近年来，碘在食品添加剂、消毒剂、合成试剂和催化剂、X 射线透视响应剂、感光材料等的制备以及尖端技术等方面的用途广泛，需求量日益增加。目前，世界上除了日本、智利等国外，大多数国家所生产的碘均不能满足本国的需要。

在海水中碘的热力学稳定形式 IO_3^- 占非常大的优势，但其在不同海区、不同深度情况下各有不同。海水表层的平均碘浓度为 0.05mg/kg，深水平均碘浓度为 0.06mg/kg。

海洋是巨大的潜在碘源，但每升海水的含碘量仅为 0.05mg。这意味着要从海水中提取 1t 碘，理论上要至少处理 2×10^{7} t 海水。因此，目前从海水中直接提取碘尚处于科学攻关阶段，并未实现工业化。工业化制碘主要利用海藻等海洋生物(如海带)碘源。

▶钾

海水中钾的浓度为 380mg/L，海水中提取钾的研究已有多年的历史，但生产成本高，迄今仍未进入工业化阶段。而地下浓缩海水中钾浓度已达 9g/L，远高于海水中钾的浓度。目前，莱州湾某些盐场采用蒸发结晶法利用苦卤生产钾，尚未从地下浓缩海水中直接生产钾。我国海水提钾始于 20 世纪 70 年代，中国科学院地质与地球物理研究所和天津市硅酸盐研究所最早进行了用斜发沸石从海水中提钾的研究，但由于产品为氯化钾，市场售价较低，经济价值较低。现已改为提取硫酸钾，其市场售价比氯化钾高，此技术已取得较大进展，正进行扩大试验。由于地下浓缩海水中钾浓度高，利用斜发沸石生产硫酸钾是有可能的，浙江、山东等地均有斜发沸石矿。从地下浓缩海水中提钾不需要改变介质条件，故采用此法较易实现与其他元素的综合提取。

▶镁

镁在国防、工业上用途广泛。镁合金可用来制造飞机、快艇，可以制成照明弹、镁光灯，还可以用作火箭的燃料。日常用的压力锅和某些铝制品中也含有镁。农业上有一种镁肥，其主要成分就是镁。镁是组成植物叶绿素的主要元素，可以促进作物对磷的吸收。镁还是冶炼某些珍贵的稀有金属(如钛)的还原材料。

镁在海水中的含量很高，浓度为 0.129%。海水中含镁总量 1.8×10^{15} t，仅次于氯和钠，居第三位。虽然海水中镁的含量比白云石等镁的含量低得多，但因高纯度的镁矿较少，所以海水是镁的重要来源。

不论是生产金属镁还是其他化合物，方法都是往海水中加碱，使海水中的金属镁或其他化合物沉淀。海水中的镁沉淀为氢氧化镁后，煅烧即可得氧化镁。

▶铀

陆地上富铀的矿床很少见，目前已探明的具有开采价值的铀工业储量仅 200×10^{4} t 左右，已知的低品位铀矿和副产铀矿资源总量不超过 200×10^{4} t。

海水中铀总量巨大，平均浓度为 0.003 3mg/kg。海水中的铀浓度因不同海域的地理条件、海水盐度以及环境的周期性变化而有所差异，一般多稳定在 0.002 7～0.003 4mg/kg 范围内。在海洋溶存的金属元素中，铀的丰度占第十五位，总储量高达 45×10^{8} t，相当于陆地总含量的 1000 倍。因此，海水被称为“核燃料仓库”。从海水中提铀将成为世人关注的目标。海洋中铀的来源可归结为降雨、河川流入、尘埃降落以及大洋底部的岩石风化等几个方面。

随着原子能事业的迅速发展，对核燃料铀的需求与日俱增。陆地铀资源远远不能满足要求，从海水中提取铀是解决资源与需求矛盾的重要途径，特别是对一些贫铀和能源贫乏的沿海国家和地区，具有重要意义。

从海水中提取铀的方法有吸附法、溶剂萃取法、起泡分离法和生物富集法。吸附法是选择一种合适的吸附剂，放到海水里，将铀吸附到表面，然后从中提取铀。溶剂萃取法是早期探索过的一种海水提油方法，是以磷酸二丁酯作为萃取剂，以煤油作稀释剂，在旋转的圆形柱中与预经酸化的海水进行接触、萃取。起泡分离法采用能与海水中的铀发生化学作用的物质产生气泡，将气泡注入海水中，海水中的铀就被气泡吸附，富集在气泡上，再把气泡与海水分离，并收集富铀气泡，从中提取铀。试验表明，采用磷酸酯作起泡剂，铀的提取率可达 80%～90%，这种方法的缺点是需要外加捕集剂和用动力鼓泡。因此，目前还限于实验室范围内。一些浮游生物富集铀的浓度比海水 1000 倍，这个特点可以用在海水提铀上。生物富集法是把一种经过筛选和专门培养的绿染放在海中作为载体，在其生长过程中经 X 光照射，铀就可以不断地富集于载体中。这种方法的优点是选择性好，获得容易，价格便宜，使用方

便，而且没有废物。

▶**重水**

水分子是由氢和氧两种元素构成的。普通的氢相对原子质量为1，但是氢不只是一种，它还有两种稳定性的同位素，其中一种为氘(^2H或D)。由于氘原子核有一个质子和一个中子，原子质量比氢大一倍，相对原子质量为2，故称重氢。在自然界中，氘只有天然氢的0.014 7%。重氢和氧的化合物就是重水(D_2O)。海水中含有200×10^{12} t的重水。

重水可用作原子能反应堆的减速剂和传热介质，也可以作为制造氢弹的原料。重氢的核聚变反应可以释放出巨大的能量。

现在较大规模地生产重水的方法有蒸馏法、电解法、化学交换法和吸附法等。蒸馏法是用于分离重水的最初方法之一，这种方法建立在轻水(H_2O)、半重水(HDO)和重水的蒸气压不同的基础上。现在化学法较为常用，也比较经济。重水和半重水的蒸气压比水低，理论上赤道地区的表层水中富集重水更容易。海水中氘的浓度(147mg/kg)比淡水中氘的浓度(143mg/kg)高，供给生产重水工厂的料液是浓缩海水，或者是原料海水多级闪急蒸馏过程中低温阶段产生的冷凝物，其中重水含量比海水中重水含量高出20%。因此，海水中提取重水可以结合海水水化学资源综合利用来考虑。

5.2 海水淡化方法

海水淡化，亦称海水脱盐，其含义是将海水脱去盐分，变为符合生产生活使用标准的淡水。海水淡化方法可分为两类：一是从海水中分离出淡水的方法，常用的方法有太阳能蒸发法、蒸馏法、反渗透法、水合物法、冰冻法、溶剂萃取法等；二是从海水中析出盐的方法，如电渗析法、压渗析法等。

太阳能蒸发法

在太阳蒸发过程中，利用不同介质对太阳光吸收能力的不同，使各介质间保持有效的温差。利用太阳的辐射热能，加热海水进行淡化。为提高吸热效率，须将盛海水的底盘涂成黑色，产生的水蒸气在透明度较高的玻璃板或塑料薄膜上冷凝而得淡水。通常采用的太阳能蒸发罩有两种类型，分别是玻璃板和充气塑料膜。

蒸馏法

将海水加热汽化，再使水蒸气冷凝而得淡水的方法称为蒸馏法。蒸馏法是从盐溶液中把水分离出来的最古老的方法，古罗马帝国曾用简单的蒸馏器，给被围困在埃及亚历山大的罗马军队供应淡水。现代蒸馏法已发展出各种不同类型，根据所用能源、流程、设备不同，可分为潜管蒸发法、降膜式垂直长管蒸发法、闪蒸法和蒸气压缩蒸发法 4 种主要方法。

冷冻法

蒸馏法是利用水由液态转化为气态的物态变化原理进行海水淡化的。冰冻法则与此相反，它是利用水由液态转变成固态的原理进行海水淡化的。把海水冰冻，海水结冰时只有纯水呈冰晶析出，盐则浓缩于剩下的溶液中，取冰融化，即可得淡水，利用这一原理进行海水淡化的方法，即为冷冻法。

根据冷冻剂和对冷冻剂处理方法的不同，冷冻法分为蒸气压缩式真空冷冻法、蒸汽吸收式真空冷冻法和冷媒直接接触冷冻法 3 种。

反渗透法

渗透就是一种液体从“稀”的一面通过半透膜向“浓”的一面自流，属于单方向的扩散现象。若是把盐水放在半透膜的一侧，淡水放在另一侧，而这个半透膜又只能使水分子通过，那就会出现渗透现象。当水的静压力与水分子进入盐溶液的力正好平衡时，这个渗透过程就会停止。如果用人为的方法改变这种关系，给海水盐溶液加一定的压力(大于海水渗透压 2.5MPa)，就会迫使水通过膜向相反的方向流动，在膜的盐水一侧盐溶液被浓缩了，在另一侧则为淡水，这就是反渗透。

反渗透法的特点是过程中没有水相的变化，所以能量耗费较低，且对有机杂质与不带电荷的杂质，同样能达到分离效果。但逆高压操作和半透膜的性能限制，使得单个淡化器产量不能太大，原水浓度也不宜过高。

1953 年，醋酸性能纤维素膜具有反渗透脱盐性能被发现。1960 年，首次用二醋酸纤维素制作成具海水淡化的反渗透膜。近年来，已研究出多种芳香族聚酰胺膜制成的反渗透膜，这种膜以单级的方式从海水生产淡水，一次脱盐率可达到 99.5%左右，但透水性尚待提高。

电渗析法

电渗析法采用直流电流通过被多个渗透膜分隔的液体。直流电是从阳极向阴极流的，因为在正常情况下，异性电荷相吸，同性电荷相斥，也就是阴离子向阳极运动，阳离子向阴极运动。电渗析法装置就是借助于这个原理，装置中阴离子交换膜与阳离子交换膜相间排列，隔成多个区间，海水充满间隔，在外加直流电场作用下，阴、阳离子分别透过阳膜和阴膜，使离子渗出的区间海水淡化，而其相邻区间的海水被浓缩，从而使淡水与浓海水得以分离。

电渗析法的特点是从海水中除去盐离子，其能量转换方式合理。用于含盐量在 5%以下的海水淡化，较其他所有淡化方法都经济。但不能除去不带电荷的杂质，且经济效果随含盐

量的增加而显著降低。

目前也采用高温电渗析法用于海水淡化，这种方法耗能量较低。电渗析法的关键是离子交换膜。良好的离子交换膜应具有优良的选择透过性和电化学性能、足够的机械强度和化学稳定性等。高温电渗析法中的膜还应具有耐高温的特性。

水合物法

某些气体化合物，如丙烷等，与水不互溶，但在低温下能与水形成多分子的水合物晶体（如 $C_3H_8 \cdot 17H_2O$），利用这一特性，进行海水淡化的方法，称为水合物法。

天然气、液化气或某些低级脂肪烃类气体，如甲烷、乙烷、丙烷、乙炔及氟利昂等，一般难溶于水，但与水混合时，这些烃类及其衍生物能与水分子结合生成不含盐分的、具有笼形包合结构的气体水合物（以下简称水合物）。水合物法海水淡化就是利用这一基本原理，把这些气体（通称作水合剂，常用丙烷）和预冷海水混合时，在保持生成水合物的温度和压力情况下，即形成不含盐分但含 5%～15%水合物晶体的淤浆，并以类似冰的结晶形式从海水中析出。经分离和洗涤后，提高温度，使该水合物晶体融化，分离即得淡水。丙烷可循环使用。

水合物法与冷冻法相似，优点是耗能量较低、不产生沉淀、腐蚀性弱等；缺点是结晶晶粒小，分离和输送较困难，淡化水质也较差。水合物法操作温度可高于一般冰晶生成的温度，根据所用水合剂不同，操作温度为 0.7～13.4℃，较冷冻法的能耗低。

溶剂萃取法

溶剂萃取法采用的是某些有机溶剂（如三乙胺等），在低温下能溶解一定量的水，当温度升高时，又能将溶解的水分离出来的原理。利用这一原理进行海水淡化的方法，称为溶剂萃取法。海水与溶剂在萃取塔中逆流接触，然后经热交换器被加热，在分离器中分离出水。溶剂循环使用。

溶剂萃取法的优点是操作温度接近室温、环境适应性强、能量消耗较低、腐蚀性弱；缺点是溶剂在水中有一定的溶解度，影响淡水水质，仅对于低含盐量的咸水选择性较好。此法的关键是寻找理想的萃取剂。

离子交换法

利用离子交换树脂的活性基团，与海水中的阴、阳离子进行置换而取得淡水的方法称为离子交换法。离子交换法的原理为盐水经过阳离子交换树脂后，阳离子被树脂中的 H^+ 取代；再经过阴离子交换树脂，阴离子又被树脂中的 OH^- 取代。H^+ 与 OH^- 结合形成水，海水中的盐则被除去。盐水中的离子浓度越高，树脂的再生费用也越大，因此海水及浓度较高的海水一般不用此法。离子交换法在低盐分的水处理和高纯度水的制备上应用较广泛。

另有一种称为银式泡沸石的无机离子交换树脂，与海水混合后，能与其中钠、镁、钙、氯和硫酸根等主要离子发生沉淀而分离出淡水。但此法成本较高，仅作为制取少量应急用水的方法。

5.3 海水资源开发利用

海水直接利用主要有3个方面，作为工业冷却水利用、生活用水利用和海水直接灌溉利用。

工业冷却水利用

热电厂的冷却水是海水工业利用的主要方式。在工业冷却、制冷方面所用水总用量的90%完全可以依赖海水。因此，海水在工业上直接使用不仅有利可图，而且有很大发展潜力。

除此之外，海水还可以直接在工业生产中用作溶剂、还原剂，用于溶盐、制碱、印染、水淬、试漏、海洋制药、加工海产品，以及洗涤、环境除尘、净化、冲渣、冲灰等方面。近年来，我国工业直接利用海水发展速度很快。据不完全统计，仅青岛、大连、天津等一些滨海城市的发电、石油和化工等部门每年直接利用海水大于$50\times10^8 m^3$。青岛发电厂自1936年起开始直接利用海水作冷却水，目前每小时利用海水$3\times10^3 t$，日用海水量$72\times10^3 t$。

由于每年用于工业冷却的海水量巨大，使用海水的方式已经从早期的直流冷却方式改进为循环冷却，不仅减少了取水量，也减轻了对环境的污染。

工业利用海水的主要问题是取水量大，排污量大，海洋生物不易控制，需要使用较昂贵的防锈合金材料制造热交换器等，但这些问题事实上不构成海水直接利用的限制因素。据估计，在年产$30\times10^4 t$乙烯的工厂，海水直接利用所需设备的投资仅是建厂总投资的1%左右，可以很快从节约淡水的效益中收回。

生活用水利用

生活中的卫生、消防和游泳池用水等，可称为大生活直接利用海水。中国香港已经通过法律规定，必须用海水冲洗厕所，且规定海水冲厕不收费。现在香港每天用于冲厕的海水达$35\times10^4 m^3$，仅此一项每年可节约淡水$1.9\times10^4 m^3$。

目前，防腐技术是海水直接利用的重要限制性因素。适合大生活海水直接利用的城市

管道改造是一项大工程，直接影响大生活海水直接利用的推广和发展，需要依靠国家政策的倾斜来推进该项事业的实施。天津市已把一个淡水自来水厂改造为海水自来水厂，让大生活海水直接利用迈出了向深入发展的第一步。

海水直接灌溉利用

无论在国内还是在国外，低盐度海水直接用于灌溉还处于实验阶段。例如我国河南省虞城县用矿化度 3～5g/L 的咸水进行灌溉，灌溉土地面积已达 15 万亩(1 亩≈666.67m^2)。实践证明，在排水条件好的地区，用矿化度低于 5g/L 的海水浇地 1～2 次，不仅不会造成土地盐碱化，还会使小麦、玉米等作物达到抗旱保收和增产的效果。

据报道，沙特阿拉伯咸水技术公司在美国农业科学家的帮助下，在本国东部沿海地区进行一项用未经处理海水灌溉一种在咸水中生长的油料作物的试验。如果试验成功，将为地下水极为紧缺和开发费用昂贵的沿海不毛之地的发展农业提供经验，此项试验受到海湾其他国家以及非洲贫穷沿海国家的密切注视。沙特阿拉伯咸水技术公司还在距离东部沿海岸 2000m 的地区划出 300hm^2 的土地，试用海水灌溉适盐类植物盐角草属。该公司准备近年内把试验面积扩大到 4500hm^2。指导此项试验的美国农业科学家指出，他们在墨西哥沿海地区的试验已获得成功，认为沙特阿拉伯这个试验地区的气候和土地条件都比较合适此项试验，对试验取得成功充满信心。

5.4 海水的重要意义

海水淡化

海洋是一个巨大的水源库，海水取之不尽，用之不竭。海水淡化是解决水源不足的重要途径，是世界范围内涉及人类生存和社会发展的长远而重大的问题。人类每年需要新鲜淡水总量 4000km^3，总体上地表的淡水足够满足需要，但是却存在区域性的饮水匮乏问题。因此，我们可以通过淡化更多的海水来解决用水短缺和用水危机。

实现水资源的可持续利用，是保障人类社会可持续发展、维持人类健康生存环境的前提。“开源节流”必须节约淡水资源，并且从多种途径获得淡水资源，例如雨水高效应用、污水处理再回用、从海水和苦咸水中获取淡水等。另外，某些用水环节也可直接利用海水，如冲洗厕所、工业冷却用水。

开展海水直接利用和海水淡化，节约淡水资源，是解决我国滨海地区缺乏淡水资源问题的有效办法。按一座大型发电厂用海水作冷却水可以每年节约 $0.8\times10^{8}\ m^{3}$ 淡水计算，如果环渤海有 10 座发电厂采用海水作冷却水，每年节约的淡水量相当于"引滦入津"工程的年配水量。虽然我国的海水冷却已经有 60 余年的历史，但目前的海水取用量仅 $60\times10^{8}\ m^{3}$ 左右（陈学雷，2000）。

海水制盐

海水制盐是通过晒干海水来获得海水中的盐分。盐田是一种在盐碱地利用太阳能蒸发卤水中的水分，以取得盐结晶的场地。我国海盐生产发展很快，沿海 11 个省（自治区、直辖市）都有盐田，盐田面积有了大幅度增长，所生产的海盐质量也在不断提高，品种越来越多。除原盐外，已投入批量生产的有洗涤盐、粉碎洗涤盐、精制盐、加碘盐、餐桌盐、肠衣盐、蛋黄盐和滩晒细盐，并在试制调味盐、饲畜用盐砖等。

千年古盐田位于海南洋浦半岛盐田村。盐工们根据海南岛高温烈日的特点，改变过去"煮海为盐"的方法，用经过太阳晒干的海滩泥沙浇上海水过滤，制成含高盐分的卤水，再将卤水倒在石槽内，经暴晒制作成盐巴。海南千年古盐田是最早采用日晒的制盐场，完整保留了原始民间制盐工序，目前有 1000 多个形态各异的砚式石盐槽密布海滩。

千年古盐田

▶长芦盐场

长芦盐场是我国三大盐场之一，也是我国海盐产量最大的盐场，主要分布于河北省和天津市的渤海沿岸，其中塘沽盐场规模最大，年产盐 119 万 t。长芦盐场南起黄骅，北到山海关南，包括塘沽、汉沽、大沽、南堡、大清河等盐田在内，全长 370km，共有盐田 230 多万亩，年产海盐 300 多万吨，产量占全国海盐总产量的 1/4。

长芦盐场

海水肥料

海水中含量排第六位的钾元素约有 600 万亿 t,可以从中提取氯化钾作为肥料。此外,钾在工业上可用于制造含钾玻璃、肥皂、洗涤剂、净水剂等。

海水提溴

地球上 99%以上的溴都在海水中,海水中溴平均浓度约为 65mg/L。1967 年,我国开始用“空气吹出法”进行海水直接提溴,并于 1968 年取得成功。青岛、连云港、广西北海等地相继建立了提溴工厂,进行试验生产。“树脂吸附法”海水提溴也于 1972 年试验成功。

5.5 海水资源调查方法

开展海水资源调查内容涉及海域面积、海水深度、盐度、温度、密度、潮汐、潮位、海流、透明度、水色、海发光等;需用到的技术方法有遥感、海水取样、定点海流与走航海流、分析测试等,各调查方法涉及的内容、参数及调查日的如下表。

海水资源调查方法及内容

调查方法	涉及内容、参数	调查目的
遥感	海域面积、范围等	厘清工作区范围、布置调查计划等
海水取样	获得原位海水样品等	为后续分析提供样品
定点海流与走航海流	海水流量、流速、海水深度等	分析海水沉积动力，为海水资源分布提供参考
分析测试	化学元素等	厘定海水化学元素类型，为海水资源评估提供依据，同时分析海水环境问题及潜在的威胁因素，为海水生态保护提供数据支撑

海水化学要素调查是为了查清海水化学要素在海洋中的时间分布和变化规律，为海洋资源开发、海洋环境保护、海洋水文预报和有关科学研究提供依据及基本资料，常采用测站取样与测量、现场分析和实验室测试分析方法。一般在海洋调查过程中进行采样，有大面观测、断面观测和连续观测 3 种基本方式。大面观测是在调查海区布设若干个采样点，在一定时间内同时采样。断面观测是在调查海区布设几个有代表性的断面，在断面上布设若干个采样点，在一定时间内各点分别采样。连续观测是在调查海区布设有代表性的测站，根据任务要求，按一定时间间隔连续采样一天以上。不论何种方式，采样点应事先标在海图上，并在采样过程中加以校正。观测的层次应根据所调查海区的水深、水质垂直变化和调查目的而确定。一般原则是浅层密些，深层疏些；水质变化大的密些，变化小的疏些。

6

海洋基质

6.1 海洋基质概述

海洋基质是存在于海洋底部，主要由天然物质经自然作用形成的基础物质。海洋会有沉积，海洋沉积按其深度和离岸的远近，一般可划分为大陆架沉积、大陆坡沉积以及覆盖深海平原（洋盆）和深海海沟的深海沉积。其中，深海沉积也叫深海软泥或软泥，它约占海洋底部总面积的70%。海洋底质调查收集的海底、底质、重力场等资料，可为国防、航海、渔业和各项水下工程等提供基础资料。

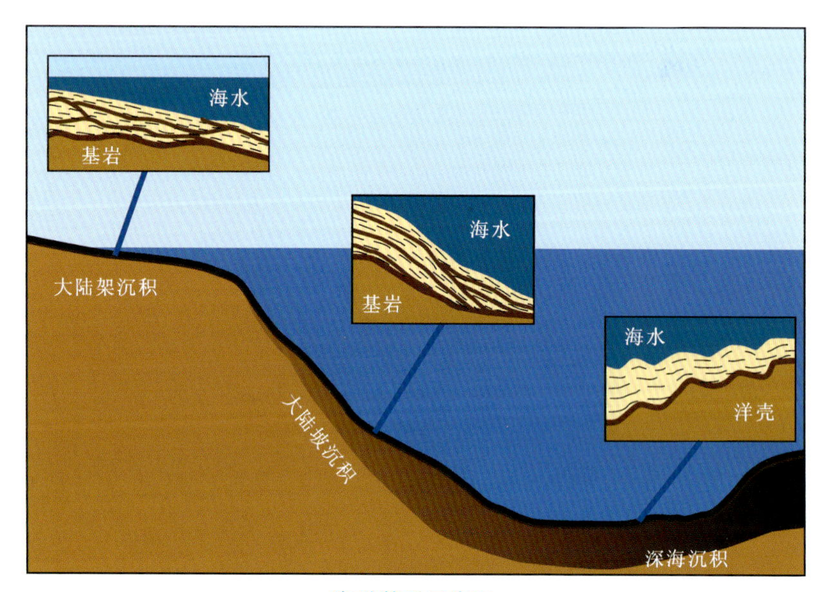

海洋基质示意图

6.2 海洋基质分类

海洋基质依据自然呈现状态分为海底表面的岩石、砾质、土质以及深海软泥等。

岩石

岩石是指造岩矿物按一定的结构集合而成的地质体，按照现有的《岩石分类和命名方案》(GB/T 17412.1/2/3—1998)，依据岩石成因可分成岩浆岩、沉积岩和变质岩 3 个二级类。继承现有地质学关于岩石的概念，岩石是天然产出的具有一定结构构造的矿物集合体，少数由天然玻璃或胶体或生物遗骸组成。

砾质

砾质是岩石发育的产物，由地表岩石经风化、搬运、沉积作用而成，是颗粒粒径不小于 2mm，体积含量不小于 75%的岩石碎屑物、矿物碎屑物或二者的混合物。根据第四系沉积物的碎屑粒级分类(即温德华分类法)，按照不同粒级体积含量的占比砾质可分为巨砾、粗砾、中砾、细砾 4 个二级类。

砾质与岩石的主要区别在于砾质是岩石经物理、化学或生物风化作用发生破碎而形成的碎屑物。相比之下，岩石尚未发生破碎，具有稳定和完整的外形。砾质可作为与第四系沉积物的碎屑粒级分类的衔接，在砾质的定义中未对粒径上限进行限定。

土质

根据自然资源部 2020 年印发的《地表基质分类方案(试行)》中的定义，土质是砾质物质的进一步发育，是由不同粒级的砾(体积含量小于 75%)、砂粒和黏粒按不同比例组成的地球表面疏松覆盖物，在适当条件下能够生长植物。

参考中国土壤系统分类土族和土系划分标准(张甘霖等，2013)，以质地(包括砾、砂粒、黏粒)组分的含量作为划分依据，将土质划分为粗骨土、砂土、壤土、黏土 4 个二级类。同时，还要按照砾＞砂粒＞黏粒的优先等级，依次划分二级类。例如砂土(C2)划分依据为不同粒级砾体积含量小于 25%，筛除砾质后砂粒质量含量不小于 55%，只要满足这两个条件就可以归为砂土(C2)。对于同时满足这两个条件且黏粒质量含量不小于 35%的，虽然也符合黏土(C4)的划分依据(砾体积含量小于 25%，筛除砾质后黏粒质量含量不小于 35%)，但由于砾、砂粒的优先等级大于黏粒，因此也应归为砂土(C2)。

深海软泥

深海软泥，简称软泥，主要是指由浮游生物遗骸碎片沉积海底而形成的松软的泥，含量在 30%以上的远海性沉积物，即微细颗粒的软质淤泥，也称有机质深海软泥。深海软泥中含有大量的铜、铅、锌、银、金、铁和若干铀、钍等元素。

6.3 海洋基质调查方法

海洋基质调查主要取样方式有表层取样、柱状取样、钻探取样等。取样后，在船上应对样品的物质成分、结构、构造及颜色进行初步观测描述，并进行湿度、可塑性、抗压强度等的简易试验和测定，并抽取孔隙水；另外，保留部分样品编号封存，最好保存在冷冻样品库，以免样品发生变化，更好地供室内分析使用；相关样品需进行实验室分析测试。

表层取样采用的设备有蚌式、箱式、多管式、自返式或拖网等采样器，一般情况下多选用蚌式采样器；大洋可适当选用自返式采样器；对样品有特殊要求(如数量大、原状样等)的调查可选用箱式采样器；当底质为基岩、砾石或粗碎屑物质时，选用拖网采样器；柱状采样主要采用重力、重力活塞、振动活塞及浅钻等取样设备进行。钻探取样因成本高昂，作业要求高，常配合声学测量展开。在前期研究基础上，锁定钻孔布设位置，在满足需求的情况下，以地层出露较全且水深相对较浅的位置为目标靶区，并尽可能布设在声学测线上，相互支撑，使钻探样品价值最大化。

表层采样器顾名思义就是采集海底表层样品的设备。国内外有许多厂家生产，虽然外形结构形式多样，但是基本构成部件和取样原理基本都是一致的，即依靠采样器及配重铅块重力自由落体贯入海底沉积物采集样品。例如箱式采样器是由湖南科技大学研制的采样装置，由管架、采样盒、配重铅块、闭合铲等组成。当采样器到达海底时，靠配重铅块的重力使采样筒插入海底沉积物中，封底铲刀切取底部沉积物放入采样筒内。拖网采样器是依靠调查船低速走航来采集海底样品的。

海底柱状样品采集器是进行海洋地质调查的一种基本工具，它主要用来采集海底表层以下松散沉积物垂直方向上一定长度的柱状样品。通过对沉积物柱状样品的分析和研究，以了解海底沉积物的历史、沉积规律以及各种因素在海底垂直方向的分布和变化。

柱状样品采集所使用的设备主要有靠振动器提供外力进行采集的设备和靠自身重力采集的设备两种类型。另外，还有部分靠机械动力的钻探采集柱状样品的设备。

在调查研究海底地质构造演化、探查矿产资源的活动中，钻井的岩芯样品是最直观、最具说服力的实物资料，对开展海洋区域地质、环境、资源及工程地质的调查、海底矿产资源的勘探开发、海洋环境保护以及社会经济可持续发展等具有十分重要的意义。

钻探取样主要用于地层岩芯取样，获取地下实物资料。其中，浅地层岩芯取样用于浅海底浅表地层岩芯钻探取样，勘探效率高，是取得海底地下实物资料、验证海底地下地质信息推断与解释准确性的重要技术手段；而深海岩芯取样用于深海底浅表地层固体矿产资源岩芯钻探取样，根据需要可实现一次下水在不同点钻取1～3个岩芯。

7

海洋空间资源

海洋空间资源是指与海洋开发利用有关的海岸、海上、海中和海底的地理区域的总称。海岸、海面、海中和海底等空间资源的主要用途包括海运、海岸工程、海洋工程、临海工业场地、海上机场、海流仓库、重要基地、海上运动、旅游、休闲娱乐等。

海洋空间是地球物质资源最丰富的储存空间，也是货物与商品运输最广的流通空间。我国是一个海洋大国，拥有巨大的海洋地理资源空间，大陆海岸线总长位居世界第四，大陆架 200 多万 km^2。按照国际法有关规定，我国主张管辖的海域面积达 300 万 km^2。随着人类利用海洋空间资源能力的不断提升，海洋地理空间资源也得到不断扩充。

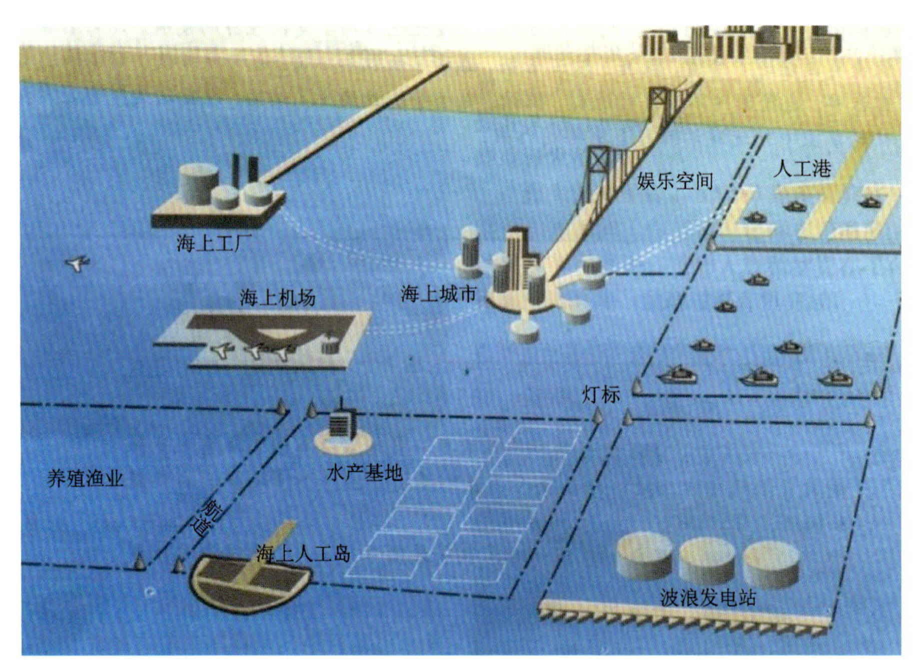

海洋空间资源示例

7.1 海洋空间资源特征

▶紧迫性

随着世界人口的不断增长，陆地可开发利用空间越来越狭小，并且日见拥挤。而海洋不仅拥有骄人的辽阔海面，更拥有无比深厚的海底和潜力巨大的海中。由海面、海中、海底组成的海洋空间资源将给人类生存发展带来新希望。

▶特殊性

海洋空间资源的特殊性主要体现在环境方面，海岸形状多变，易受到海洋侵蚀和沉积的影响；海面具有多变的气象状况及海水运动；海底具有黑暗、高压、低温、缺氧的环境；海水具

有强腐蚀性;海冰具有强破坏性等特点。

▶**艰巨性**

空间资源开发要求高,需要抵御高压、低温、黑暗、缺氧、强腐蚀性等,工作开展十分艰巨,并且资金投入高、建造成本高,同时维护难度和技术难度都很大,由于地理位置受限,安全风险大。

7.2 海洋空间资源类型

海洋空间资源类型大体上可分为海岸空间资源、海岛空间资源、海上空间资源、海中空间资源、海底空间资源等。

海岸空间资源

海岸是在水面和陆地接触处,经波浪、潮汐、海流等作用下形成的滨水地带,其中有众多沉积物堆积而形成的岸称为滩。海岸是海岸线及其连接的沿海一带,是海洋与陆地的相交处,是人类从事海洋一切活动的起源地与终点站,是海洋空间资源得以拓展的重要依托。海岸空间资源主要包括潮间带、岸线、海岸湿地区域。

海岸空间资源(来源:李半汝拍摄)

▶潮间带

潮间带是指平均最高潮位和最低潮位间的海岸，是海岸带的重要组成部分。

▶岸线

岸线指多年大潮平均高潮位时的海陆分界线。

潮间带分类体系表

一级类型	二级类型	三级类型	说明
潮间带及浅水区	岩滩		由岩石组成的海滩
	砂砾质滩	砂质滩	由砾石、砂组成的海滩
		砾石滩	
	泥滩		由淤泥、黏土等组成的海滩
	生物滩	红树林滩	由耐盐的红树林植物群落构成的海滩
		珊瑚滩	由珊瑚礁、有孔虫、石灰藻等生物残骸构成的海滩
		芦苇滩	由芦苇群落构成的海滩
		丛草滩	由草本植物构成的海滩

岸线分类体系表

一级分类	二级类型	三级类型	含义说明
自然岸线	基岩岸线		由岩石构成海岸的岸线
	砂质岸线		由砂构成海岸的岸线
	淤泥质岸线		由淤泥或粉砂质泥滩构成海岸的岸线
	生物岸线	红树林岸线	泥质滩涂茂盛地生长红树等海生林海岸的岸线
		珊瑚礁岸线	由礁珊瑚、有孔虫、石灰藻等生物残骸构成海岸的岸线
人工岸线	人工岸线	海堤	经人工改造后形成的事实海陆分界线，包括各种用途的围堤、码头、养殖区、盐田等
		码头	
		船坞	
		防潮闸	
		道路	
		其他	
河口岸线			入海河口两岸在水域的连续线

潮间带类型影像示意图

潮间带类型	影像特征	示例影像
岩滩	岩滩海岸的水边线不规则，多呈锯齿状，岩石在遥感影像上呈浅色调、条带状，海岸常遍布礁岩、巨石、海蚀崖等地貌	
砂砾质滩	砂砾质滩海岸的水边线较为平滑；潮水未到达区域色调呈亮白色、均匀，潮水浸湿区域色调较暗；海滩呈条带状	
泥滩	泥滩海岸由于含水量较高，所以色调较沙滩暗，一般有潮沟发育	
红树林滩	红树林滩海岸上潮沟明显，有红树林生长，红树林在潮间带上呈众多独立的斑块分布，在真彩色影像上为深绿色，在假彩色影像上为红色	
珊瑚滩	珊瑚滩海岸由珊瑚砂堆积而成，光谱反射率高，在影像上表现为亮白色，纹理平滑，珊瑚砂外围有礁盘，礁盘区域常被海水浸没，水深较浅，光谱反射率稍低于珊瑚砂	

岸线类型影像示意图

岸线分类	影像特征	示例影像
基岩岸线	基岩海岸的水边线不规则，多呈锯齿状，岩石在遥感影像上呈浅色调、条带状，海岸常遍布礁岩、巨石、海蚀崖等地貌	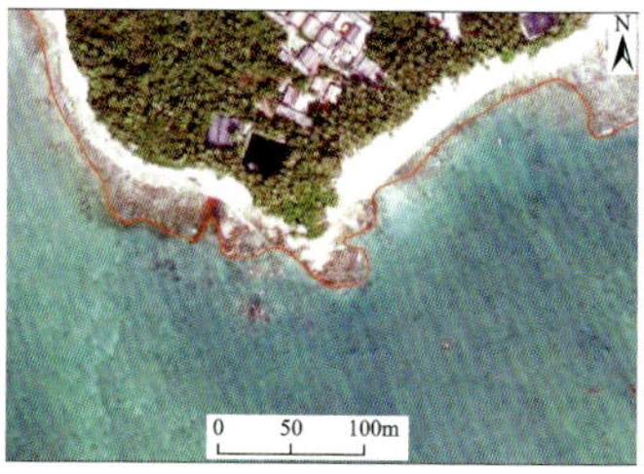
砂质岸线	砂质海岸的水边线较为平滑；潮水未到达区域色调呈亮白色、均匀，潮水浸湿区域色调较暗；海滩呈条带状	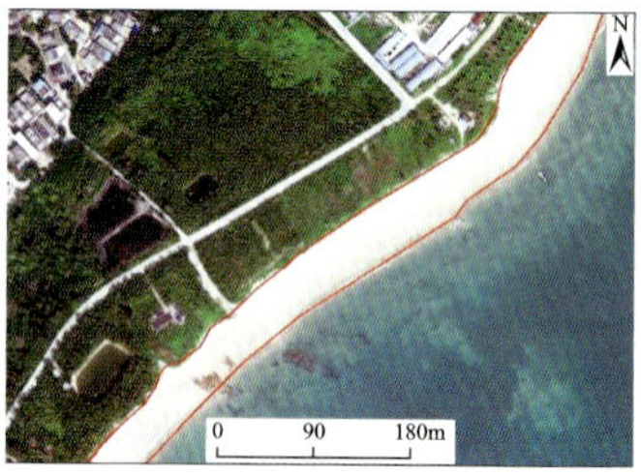
淤泥质岸线	淤泥质海岸由于含水量较高，所以色调较沙滩暗，一般有潮沟发育	
红树林岸线	红树林海岸上潮沟明显，有红树林生长，红树林在潮间带上呈众多独立的斑块分布，在真彩色影像上为深绿色，在假彩色影像上为红色	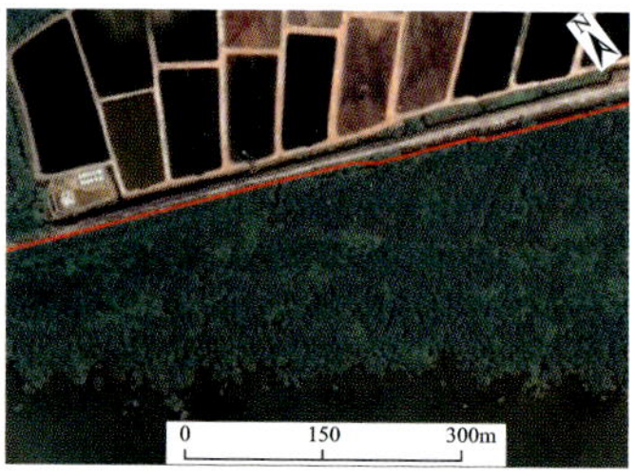
珊瑚礁岸线	珊瑚礁海岸由珊瑚砂堆积而成，光谱反射率高，在影像上表现为亮白色，纹理平滑，珊瑚砂外围有礁盘，礁盘区域常被海水浸没，水深较浅，光谱反射率稍低于珊瑚砂	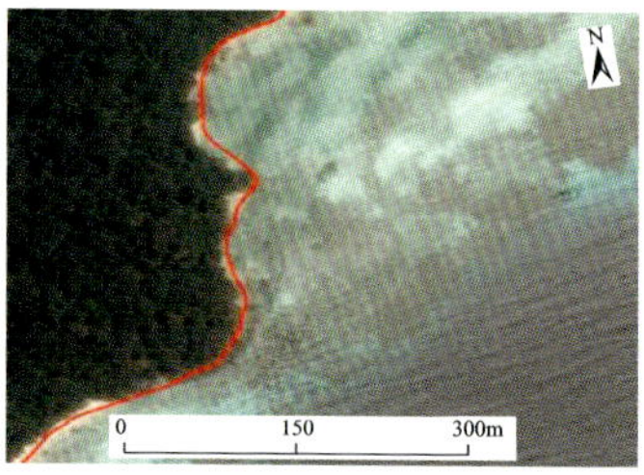

续表

岸线分类	影像特征	示例影像
人工岸线	人工海岸的水边线大多平直，人工构筑的各种围堤在遥感影像上多为灰白色的线状目标，养殖区域或盐田多呈规则的块状目标。由于人工构筑物向陆的一侧不存在平均大潮高潮时能够自由纳潮的水域，所以人工构筑物向海一侧的水陆分界线就是岸线	
河口岸线	以河口区最靠近海的第一条拦潮闸（坝）作为河口岸线；根据河口区域海岸线的管理现状，以历史习惯线或者管理线作为河口岸线，或者以河口区域的道路、桥梁外边界线作为河口岸线；以河口区潮流界或盐水楔上溯的上界作为河口岸线。位于海河流入海口，色调发生明显变化	

有趣的岸线界定标志

■基岩岸线

一般来说，如果是有陡崖的岩石滩，那么海蚀崖底部就是岸线的位置所在；如果海岸上有植被生长，那么岸线的位置在植被向海一侧的外缘。

基岩岸线位置界定标志

序号	界定标志（优先顺序）	特点	界定位置
1	陡崖	岩石滩	陡崖基部
2	植被	植被生长在山上，且与岸线毗邻	植被向海一侧的外缘
3	潮湿线		潮湿线

基岩岸线位置界定在陡崖的基部。

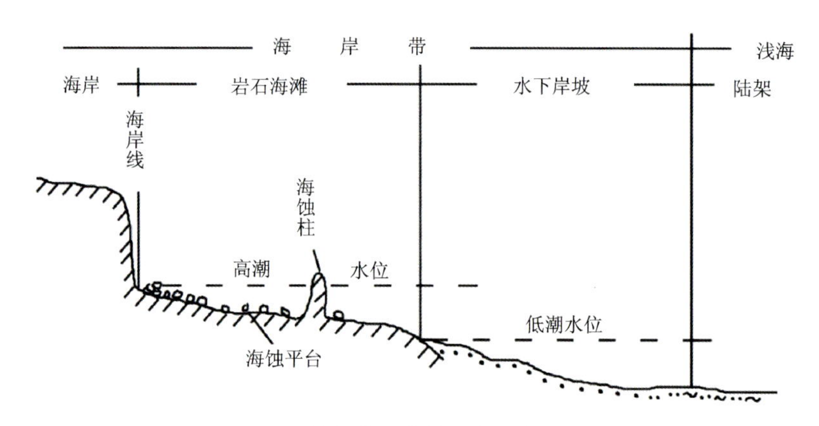

基岩岸线位置界定示意图

■砂质岸线

一般砂质海岸的岸线比较平直，在砂质海岸的海滩上部常常堆积成一条与岸平行的脊状砂质沉积，称滩脊。海岸线一般确定在现代滩脊的顶部向海一侧，在滩脊不发育或者缺失的砂砾海岸，海岸线一般确定在砂生植被生长明显变化线的向海一侧。

砂质岸线位置界定标志

序号	界定标志(优先顺序)	特点	界定位置
1	滩涂	砂砾滩	滩脊
2	潮湿线		潮湿线

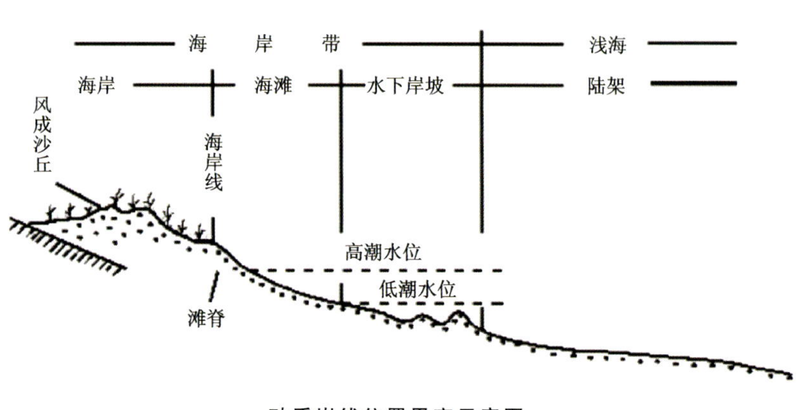

砂质岸线位置界定示意图

■淤泥质岸线

淤泥质海岸主要为潮汐作用塑造的低平海岸，潮间带宽而平缓。海岸线应根据海岸植被的生长状况、大潮平均高潮位时的海水痕迹线以及植物碎屑、贝壳碎片、杂物垃圾的分布痕迹线等综合分析界定。

淤泥质岸线位置界定标志

序号	界定标志(优先顺序)	特点	界定位置
1	滩涂	淤泥质海滩	滩脊
2	植被	植被生长在滩涂,且与岸线毗邻	植被向海一侧外边缘
3	潮湿线		潮湿线

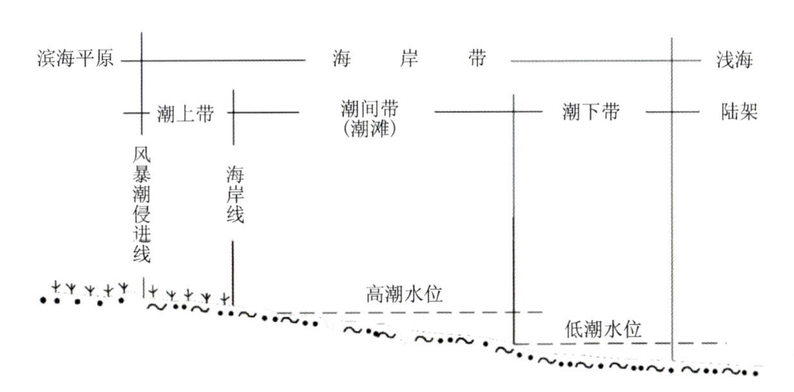

淤泥质岸线位置界定示意图

■**人工岸线**

人工岸线指由永久性构筑物组成的海岸线,包括海堤、水闸、码头、船坞以及道路等。

人工岸线位置界定标志

序号	界定标志(优先顺序)	特点	界定位置
1	堤坝	堤坝向陆地一侧在大潮高潮时海水不能到达	堤坝顶部向海一侧的外边缘
2	房屋	房屋屋前无沙滩或泥滩	房屋靠海一侧的外边缘

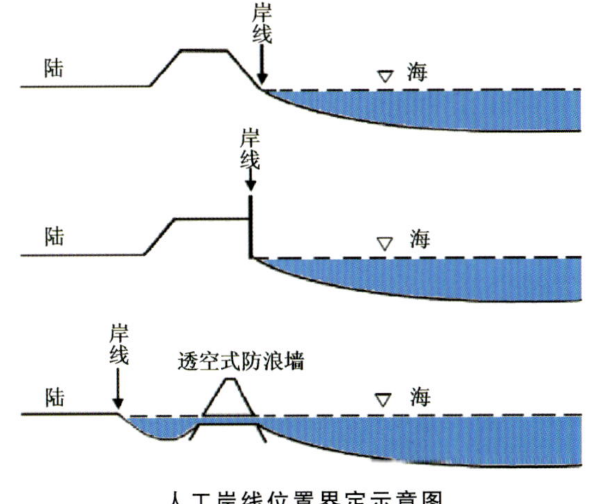

人工岸线位置界定示意图

■红树林岸线

适合红树林生长的位置在平均潮位与平均高潮位之间，平均高潮位至平均大潮高潮位之间是老红树生长地带，平均大潮高潮位以上是稀疏草地或热带季雨林植被带，所以红树林和陆地植被的分界线就是岸线所在的位置。

红树林岸线位置界定标志

序号	界定标志（优先顺序）	特点	界定位置
1	植被	有红树林生长	植被向陆一侧外边缘
2	海堤	植被生长在山上，且与岸线毗邻	堤坝脚线
3	房屋等人工筑物		构筑物和海滩交界线

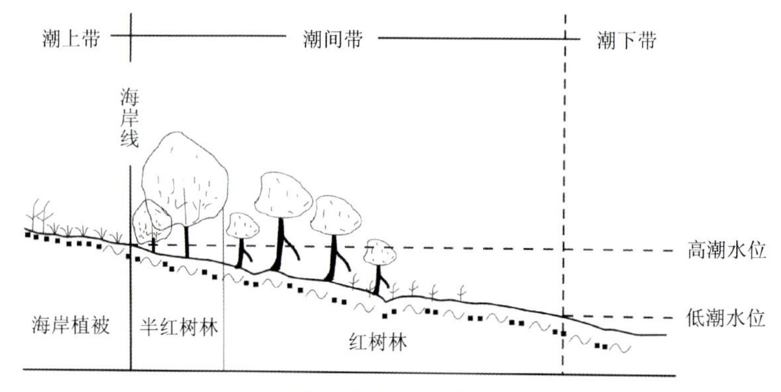

红树林岸线位置界定示意图

■河口岸线

河口岸线的位置可按照以下方法确定：①根据河口区域海岸线的管理现状，以习惯连续线作为河口岸线；②以河口区突然展宽处的突出点连线作为河口岸线。

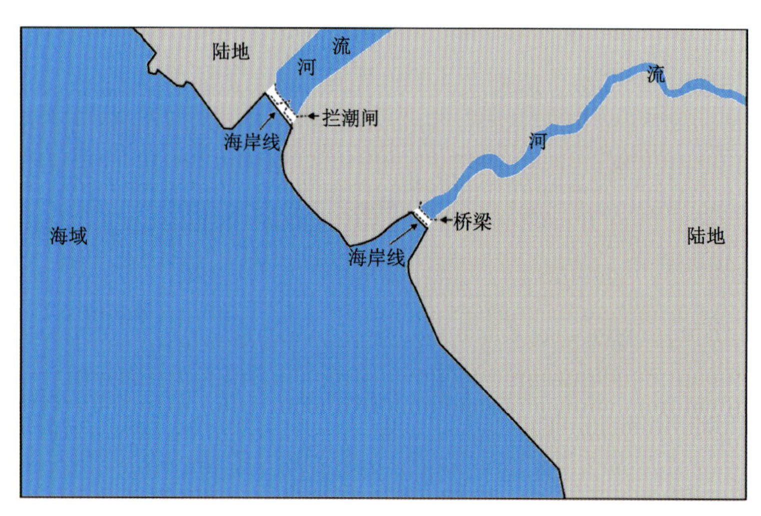

河口岸线界定示意图

▶海岸湿地

湿地是海岸带重要的资源，处于海陆相交的区域，受到物理、化学和生物等多种因素的强烈影响，是一个生态多样性较高的生态边缘区。

海岸湿地分类体系表

一级类型	二级类型	描述
海岸湿地（沿岸海水浸湿地带）	珊瑚礁	由珊瑚聚集生长而成的湿地，包括珊瑚岛及有珊瑚生长的海域
	岩石性海岸	底部基质75%以上是岩石，30%以下是植被覆盖的硬质海岸，包括岩石性沿海岛屿、海岩峭壁
	潮间沙石海滩	潮间植被盖度低于30%，底质以砂、砾石为主
	潮间淤泥海滩	植被盖度低于30%，底质以淤泥为主
	潮间盐水沼泽	植被盖度不低于30%的盐沼
	红树林沼泽	以红树植物群落为主的潮间沼泽
	潟湖	一个或多个狭窄水道与海相通的湖泊
	河口水域	从近口段的潮区界（潮差为零）至河口外河海滨段的淡水舌锋缘之间的永久性水域
	三角洲湿地	河口区由沙岛、沙洲、沙嘴等发育而成的低冲积平原

▶我国海岸空间资源分布情况

我国海岸线总长度约3.2万km，大陆海岸线约1.8万km，岛屿海岸线约1.4万km。在这一漫长的海岸地带，因地质地貌、纬度气候、河流水系、资源环境等因素形成的南北差异，使得海岸的景色千姿百态、类型多样。

基岩海岸由沿海陆地山脉或丘陵延伸至海而成，具有坚硬的岩石、陡峭的地形、曲折的海岸线。砂质海岸在我国分布较广，如辽东半岛、山东半岛，在浙江、福建、台湾等沿岸均有分布。

砂质海岸由松散细粒的砂质堆积而成，比较平坦，在我国的苏北海岸和海南岛亚龙湾、广西北海银滩等均有分布。

淤泥海岸是指由粉砂和淤泥等细颗粒物质所组成的坡度平缓的海岸。形成原因是潮汐作用强烈，涨潮时海岸被淹没，退潮时海岸露出滩涂，渤海湾就是典型的淤泥海岸。淤泥海岸在中国长江口、黄河口、珠江口、苏北海岸、福建海岸等地均有分布。

三角洲海岸是由河海相互作用，近海河口不断堆积固体物质直至露出海面成陆地形成的。我国的长江三角洲、黄河三角洲是典型的三角洲海岸。

红树林海岸生长一种热带亚热带广泛分布的植物群落红树，涨潮时红树林可被淹没，退潮时则成片覆盖在海滩上，福建、广东、广西、海南等省（自治区）海岸均有分布。

珊瑚礁海岸是由造礁珊瑚、有孔虫、石灰藻等生物残骸构成的海岸，依其特征可分为岸礁、堡礁和环礁。

海岸湿地类型影像示意图

类型	影像特征	示例影像	类型	影像特征	示例影像
珊瑚礁	影像上可见礁盘呈蓝绿色、浅蓝色，块状围绕于岛礁最外圈，呈不规则状、块状		潮间盐水沼泽	影像呈灰白色或青灰色，色泽发亮，当生长耐盐植物时色调泛黄，多具有亮度较高的斑点状纹理特征	
岩石性海岸	岩石性海岸的水边线不规则、多呈锯齿状。岩石在遥感影像上呈浅色调、条带状。海岸常遍布礁岩、巨石、海蚀崖等地貌		红树林沼泽	影像上潮沟明显，有红树林生长，红树林在潮间带上呈众多独立的斑块分布，在真彩色影像上为深绿色，在假彩色影像上为红色。色调较亮，边界明显	
潮间沙石海滩	影像上水边线较为平滑，潮水未到达区域色调呈亮白色、均匀，潮水浸湿区域色调较暗。海滩呈条带状，边界明显		三角洲湿地	主要位于河流入海口处，影像上潮沟明显，色调偏暗，边界明显	
潮间淤泥海滩	潮间淤泥海滩由于含水量较高，所以色调较沙滩暗，一般有潮沟发育		潟湖	在海的边缘地区，由于海水受不完全隔绝或周期性隔绝，从而引起水介质的咸化或淡化，即可形成不同水体性质的潟湖。影像上呈暗蓝色，颜色较暗，范围广，形状不规则	

海岛空间资源

海岛是四面环海水并在高潮时高于水面的自然形成的陆地区域。海岛按其形成类型有大陆岛、海洋岛和冲积岛三大类。海岛具有居住空间、生产空间、旅游空间，是人类生存和发展的重要空间资源。海岛分为有居民海岛和无居民海岛。有居民海岛是指属于居民户籍管理的住址登记地的海岛；无居民海岛指不属于居民户籍管理的住址登记地的海岛。海岛按成因分成大陆岛、火山岛、珊瑚岛、冲积岛四大类型。

▶大陆岛

大陆岛是大陆向海洋延伸露出水面的岛屿。世界上比较大的岛基本上都是大陆岛。大陆岛的形成原因主要有3种。一是地壳运动。由于断层作用或地壳下沉中间接合部陷落为海峡，原与大陆相连的陆地被海水隔开形成岛屿。二是冰碛物形成的小岛。远古冰川活动时期，冰川夹带大量碎屑在下游堆积下来，后来气候回暖，冰川消融，海面上升，冰碛堆未被淹没，成了岛屿。三是海蚀岛。它非常靠近大陆，两者高度一致，仅仅中间隔着一道狭窄的海峡，海峡是海浪经年累月冲蚀的结果。这类岛屿为数不多，面积也较小。

大陆岛（台湾岛）

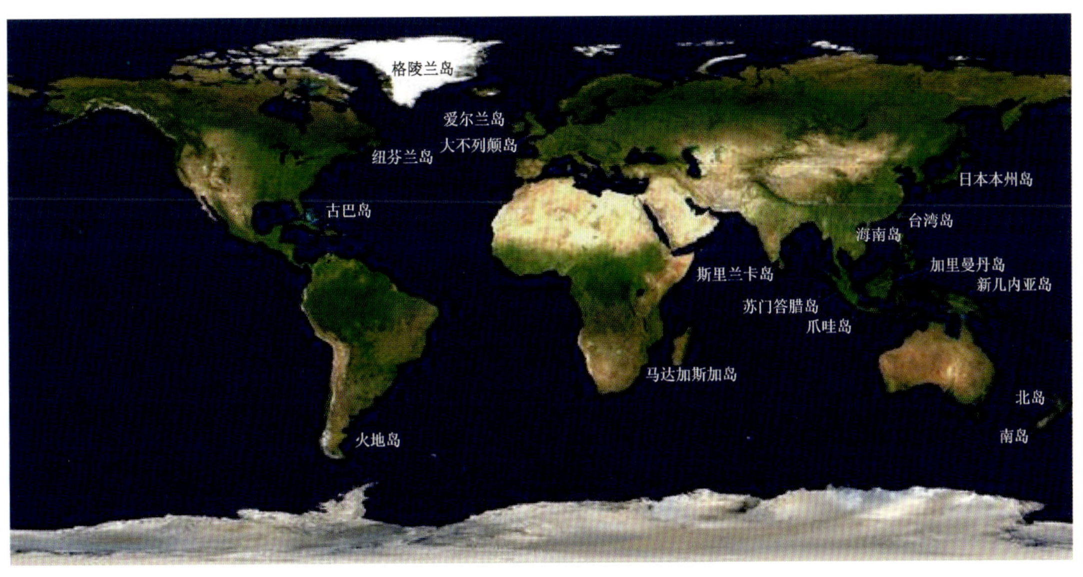

世界主要大陆岛分布图

（来源：https://www.sohu.com/a/315495400_794891? sec=wd）

▶火山岛

火山岛是海底火山露出水面的部分，是由火山喷发物熔岩、火山灰等堆积而成的，在环太平洋地区分布较广。火山岛的面积一般都不大，既有单个的火山岛，也有群岛式的火山岛。

火山岛(漳州火山岛)

▶珊瑚岛

珊瑚岛是海中的珊瑚虫遗骸堆筑的岛屿。它只存在于热带、亚热带海域,是由活着的或已死亡的一种腔肠动物——珊瑚虫的礁体构成的一种岛。在海底丘地或海底山脉山脊上,有大量珊瑚虫营巢生活,同其他壳体动物构成庞大的石灰质巢体,老的死亡,新的又在残骸上继续生长,不断向海面推进。在最适宜的条件下,珊瑚礁 1000 年才能长高 36m,长到海水高潮线就停止生长了。大海几经沧桑,或地壳上升,或海水下降,珊瑚礁露出水面便成了岛屿。全球珊瑚礁的面积达 2700 万 km^2,相当于欧洲、南美洲面积的总和,但绝大部分没于水下,出露为岛的珊瑚礁面积并不大。

珊瑚岛(马尔代夫)

▶冲积岛

冲积岛是大陆岛的一个特殊类型,它的组成物质主要是泥沙,位于大河的出口处或平原

海岸的外侧，是河流泥沙或海流作用堆积而成的新陆地，故也称沙岛。

冲积岛（崇明岛）

▶我国海岛分布情况

海岛大小不一，形态各异，是海洋资源空间的宝库。中国是世界上海岛数量最多的国家之一，在广阔的海域里分布着各式各样的海岛，数目惊人，是名副其实的“万岛之国”。据统计，我国面积大于 500m^2 的海岛超过 7300 个，面积小于 500m^2 的海岛不计其数。在这些岛屿上有常住居民的岛屿有 460 多个，总人口近 4000 万人。中国的海岛分布在渤海、黄海、东海和南海四大海域之中，最北端是辽宁省的小笔架山，最南端的是曾母暗沙，最东端的是钓鱼岛及其附属岛屿赤尾屿。中国最大的两个岛分别是台湾岛和海南岛，都是省级政建制。中国的海岛分布十分不均，东海最多，占到 66%，南海居第二位，约占 25%，渤海最少。若以省份而论，浙江省的岛屿数量最多，占 49%，福建次之，占 21%。

中国 93%的海岛属大陆岛，具有丰富的自然和人文空间。最具代表性的是台湾岛、海南岛、金门岛等，它们在海岛空间资源中处于核心地位。冲积岛约占海岛总数的 6%，土质肥沃，可开辟良田，发展海水养殖和旅游等行业。海洋岛数量少，可分为火山岛和珊瑚岛两种，火山岛主要分布于中国台湾省海域，珊瑚岛主要分布于中国南海海域。中国有人常住的岛屿数量有限，仅占全国海岛总数的 8%，这类岛一般面积较大，资源丰富。其他众多的海岛还有待开发，可见海岛空间资源的潜力十分巨大。

海上空间资源

海上空间资源的巨大潜力正被人类重视。为了开发利用海上空间资源，海岸线向海一侧的新建、改建、扩建工程逐渐增多，海上空间资源也随之得到不断扩容，形态越发多样。

▶海洋运输

海洋运输是指以船为主要工具利用海洋空间资源从事海洋运输及为海洋运输提供服务

的活动，包括远洋旅客运输、沿海旅客运输、远洋货物运输、沿海货物运输、水上运输辅助活动、管道运输业、装卸搬运及其他运输服务活动。海洋运输具有连续性强、成本低廉的特点，适宜对各种笨重的大宗货物作远距离运输；但海运速度慢，运输易腐食品需要辅助设备，航行受天气影响大。随着科学技术的快速发展，拥有无线电导航和全球定位系统的万吨级集装箱船及巨型油轮可以选择最佳航线服务，这不仅大大节省了航时，而且有效降低了海上风险。

洋浦经济开发区洋浦港小铲滩码头

中国海运近洋航线有港澳线、新马线、暹罗湾线、科伦坡—孟加拉湾线、菲律宾线、澳大利亚—新西兰线、日本线、韩国线、波斯湾线等。

中国海运中心主要分布于诸如上海、广州、青岛、大连、天津、厦门、宁波等沿海的重要城市。中国近年来积极建设“国际航运中心”，即以较大的港口城市为依托，逐渐形成发达的海运综合服务枢纽。《新华·波罗的海国际航运中心发展指数报告(2023)》显示，2023 年全球航运中心城市综合实力前 10 位分别为新加坡、伦敦、上海、香港、迪拜、鹿特丹、汉堡、雅典—比雷埃夫斯、宁波舟山、纽约—新泽西。我国广州、青岛、天津、深圳、厦门、大连等港口也跻身国际航运中心行列。

▶围海造陆

因沿海地区人地矛盾突出，人们将眼光投向大海，为满足区域发展需要、扩大陆域面积，在沿海岸线进行了围海造陆。荷兰人从 13 世纪就开始围海造陆，如今该国 1/5 的国土是从海中围起来的。围海造陆是缓解人多地少矛盾的重要途径，人工岛、海上城市、海上机场都是人们为了居住、生活、娱乐和从事工商业活动而建造的大面积的海上设施，将成为人类重要的生活和生产空间。

▶海上人工岛

人工岛是在近岸浅海水域中人工建造的陆地，大多有栈桥或海底隧道与岸相连，是人类利用现代海洋工程技术建造的海上生产和生活空间。人工岛一般是先在近岸浅海水域修建周围护岸，再以砂石、泥土和废料填筑而成，可用于建造石油平台、深水港、飞机场、核电站、

钢铁厂等进行海上作业或其他用途的场所。沿海国家滨海一带人口密集、城市拥挤，进一步发展和建设新企业及公用设施受到很大限制，原有城市本身的居住、交通、噪声、水与空气污染等问题也很难解决，兴建人工岛改变或改善了上述难题，是利用海洋空间的重要方式之一。

海南儋州海花岛

▶海上城市

海上城市是指在海上大面积建设的用来居住、生产、生活和文化娱乐的海上建筑。在出现城市人口过多的问题时，许多海洋国家都对修建海上城市充满兴趣。海洋城也有其自身独特的优缺点。海洋空间资源丰富，可以开发利用无污染能源，如太阳能、潮汐能、风能等，实现能源自给，但修建海洋城也存在着巨额开支、海洋生态系统受到干扰、海洋环境遭到破坏等一系列问题。

海上城市构想图

海上城市独具的魅力，引起各个海洋国家的浓厚兴趣。在日本神户市以南约 3km、水深 12m 的海洋上，日本用了 15 年的时间，耗资 5300 亿日元，建成了一座长方形的海上城市，总面积为 436 万m^2。海上城市有饭店、旅馆、商店、博物馆、室内游泳池、医院、学校以及 3 个公园，还有 6000 套住宅和一个娱乐场所。中国温州市靠山面海，土地资源奇缺，未来可能向海洋争取发展空间。温州市有海涂资源95万亩，规划围垦总面积81.5万亩，这些围垦项目将为温州沿海产业带提供建设用地近60万亩，温州这座城市也将向东延伸至洞头列岛，城市规模扩大两倍，形成未来温州的海上新城。

▶海上机场

海上机场是指全部依靠人工在海洋中修筑的固定机场。海上机场分为两类：一类是以人工部分或全部填海造地修建成的机场；另一类是把单个和多个大型飘浮平台固定在海底形成的机场，海上采油平台上的直升机坪属于此类。海上机场无需占用土地，对周围环境的影响很小，但受海风影响，飞机起降时的安全性降低，海水的腐蚀作用增加了对机械、飞机、各种设施的维护费用。随着城市近郊空余土地的减少和科学技术的进步，沿海大城市的机场移到海上是未来的发展趋势。全世界共有10多个海上机场，最早建造的海上机场是日本的长崎海上机场。

大连金州湾海上国际机场

海中空间资源

海水养殖是直接利用海中空间资源进行饲养和繁殖海产经济动植物的生产方式，是人类利用海洋生物资源、发展海洋水产业的重要途径之一。中国是世界上海水养殖发达的国家之一，无论养殖面积和总产量均居世界首位。随着海洋经济的不断发展，人们利用海洋空间的方式也在变化，其中最主要的就是开始兴建海中人工渔场，营造一个适合海洋生物生长与繁殖的栖息场所，并采用对水生生物放流或移植的方法，将生物种苗经驯化后放流入海，再由所吸引来的生物与人工放养的生物一起形成人工渔场，依靠一整套渔业设施，将各种海洋生物聚集在一起，从而形成现代化海洋牧场。

现代化海洋牧场概念图(据陈勇,2020)

海中空间资源还可以开发成为潜艇以及其他民用水下交通工具的运行空间,发展海边浴场、帆船、冲浪、潜水等海中运动和旅游活动。

海口帆船基地

海底空间资源

为逃离一个人口负荷过重的星球,在几十年后我们可能潜入海底生活,那时海洋将成为人类生存的第二空间。提到海洋城时,除了海上城市,我们更多会联想到用钢材和玻璃建成的海底住宅。日本一家研究机构提议建一座半圆形海洋城市,能容纳 7 万居民,并且设施完善,饭店、停车场、学校、公园、体育场、垃圾处理站以及水产养殖场一应俱全,其深度接近海

底，并靠重物支撑来保证稳固性。虽然现在这依然只是一个计划，但是在不久的将来可能就会实现。而现在利用海底空间资源的主要方式是建海底隧道，在海底铺设油气管道和电光光缆等。

海底隧道是在解决横跨海峡、海湾之间的交通，而又不妨碍船舶航运的条件下，建造在海下供人员及车辆通行的海洋海底建筑物。全世界已建成和计划建设的海底隧道有 20 多条，主要分布在日本、美国、西欧、中国等国家和地区。从工程规模和现代化程度上看，当今世界最有代表性的跨隧道工程莫过于英法海底隧道、日本青函隧道和对马海峡隧道、中国厦门翔安隧道和青岛海底隧道。

海底隧道

海底管道是通过密闭的管道在海底连续地输送大量油气的管道，是目前最快捷、最安全和经济可靠的海上油气运输方式。海底管道铺设工期短，投产快，管理方便和操作费用低，可以连续输送，几乎不受环境条件的影响，故输油效率高、运油能力大。但是管道处于海底，多数埋设于海底土中一定深度，检查和维修困难，受风浪、潮流、冰凌等影响较大。

海底管道示意图

7.3 海域使用分类

我国海域使用历史久远，由捕鱼、晒盐等最原始的海域使用类型，发展到海水综合利用、海洋医药、海洋能源、海上娱乐、海洋工程等多种新型海域使用类型。为了合理利用海域资源，规范海域使用管理，实现海域资源可持续利用，《海域使用分类》(HY/T 123—2009)根据海域使用用途将海域使用类型划分为渔业用海、工业用海、交通运输用海、旅游娱乐用海、海底工程用海、排污倾倒用海、造地工程用海、特殊用海和其他用海9个一级类型30个二级类型。

海域使用类型分类体系

一级类型		二级类型		一级类型		二级类型	
编码	名称	编码	名称	编码	名称	编码	名称
1	渔业用海	11	渔业基础设施用海	4	旅游娱乐用海	41	旅游基础设施用海
		12	围海养殖用海			42	浴场用海
		13	开放式养殖用海			43	游乐场用海
		14	人工鱼礁用海	5	海底工程用海	51	电缆管道用海
2	工业用海	21	盐业用海			52	海底隧道用海
		22	固体矿产开采用海			53	海底场馆用海
		23	油气开采用海	6	排污倾倒用海	61	污水达标排放用海
		24	船舶工业用海			62	倾倒区用海
		25	电力工业用海	7	造地工程用海	71	城镇建设填海造地用海
		26	海水综合利用用海			72	农业填海造地用海
		27	其他工业用海			73	废弃物处置填海造地用海
3	交通运输用海	31	港口用海	8	特殊用海	81	科研教学用海
		32	航道用海			82	军事用海
		33	锚地用海			83	海洋保护区用海
		34	路桥用海			84	海岸防护工程用海
				9	其他用海		

渔业用海

渔业用海是指为开发利用渔业资源、开展海洋渔业生产所使用的海域，包括渔业基础设施用海、围海养殖用海、开放式养殖用海和人工鱼礁用海 4 个二级类型，其中渔业基础设施用海是指用于渔船停靠，进行装卸作业和避风，以及用于繁殖重要苗种的海域；围海养殖用海是指通过筑堤围割海域进行封闭或半封闭式养殖生产的海域；开放式养殖用海是指无须筑堤围割海域，在开敞条件下进行养殖生产所使用的海域；人工鱼礁用海是指通过构筑人工鱼礁进行养殖生产的海域。

渔业用海

工业用海

工业用海是指开展工业生产所使用的海域，包括盐业用海、固体矿产开采用海、油气开采用海、船舶工业用海、电力工业用海、海水综合利用用海和其他工业用海 7 个二级类型。盐业用海包括盐田、盐田取排水口、蓄水池、盐业码头、引桥及港池等所使用的海域；固体矿产开采用海是指开采海砂及其他固体矿产资源所使用的海域；油气开采用海是指开采油气资源所使用的海域，包括石油平台油气开采用栈桥、浮式储油装置、输油管道、油气开采用人工岛及其连陆或连岛道路等所使用的海域；船舶工业用海是指船舶制造、修理、拆解等所使用的海域，包括船厂的厂区、码头、引桥、平台、船坞、滑道、堤坝、港池及其他设施等所使用的海域；电力工业用海是指电力生产所使用的海域，包括电厂、核电站、风电场、潮汐与波浪发电站等的厂区码头，引桥、平台、港池、堤坝、风机坐墩和塔架，水下发电设施、取排水口，蓄水池、沉淀池及温排水区等所使用的海域；海水综合利用用海是指开展海水淡化和海水化学资源综合利用等所使用的海域，包括海水淡化厂、制碱厂与其他海水综合利用工厂的厂区、取排水口、蓄水池及沉淀池等所使用的海域；其他工业用海是指上述工业用海以外的工业用

海，包括水产品加工厂、化工厂、钢铁厂等的厂区，以及企业专用码头、引桥、平台、港池、堤坝、取排水口、蓄水池和沉淀池等所使用的海域。

工业用海

交通运输用海

交通运输用海是指为满足港口、航运、路桥等交通需要所使用的海域，包括港口用海、航道用海、锚地用海、路桥用海 4 个二级类型。港口用海是指供船舶停靠、进行装卸作业、避风和调动等所使用的海域，包括港口码头、引桥、平台、港池堤坝及堆场等所使用的海域；航道用海是指交通运输部门划定的供船只航行使用的海域；锚地用海是指船候潮、联检、避风及进行水上过驳作业等所使用的海域；路桥用海是指连陆、连岛等路桥工程所使用的海域，包括跨海桥梁、跨海和顺岸道路等及其附属设施所使用的海域。

交通运输用海

旅游娱乐用海

旅游娱乐用海是指开发利用滨海和海上旅游资源，开展海上娱乐活动所使用的海域，包括旅游基础设施用海、浴场用海和游乐场用海 3 个二级类型。旅游基础设施用海是指旅游区内为满足游人旅行、游览和开展娱乐活动需要而建设的配套工程设施所使用的海域，包括旅游码头、游艇码头、引桥、港池、堤坝、游乐设施、景观建筑、旅游平台、高脚屋、旅游用人工岛及宾馆饭店等所使用的海域。浴场用海是指专供游人游泳、嬉水的海域。游乐场用海是指开展游艇、帆板、冲浪、潜水、水下观光以及垂钓等海上娱乐活动所使用的海域。

浴场用海

海底工程用海

海底工程用海是指建设海底工程设施所使用的海域，包括电缆管道用海、海底隧道用海和海底场馆用海 3 个二级类型。电缆管道用海是指埋(架)设海底通信光(电)缆、电力电缆、深海排污管道、输水管道及输送其他物质的管状设施等所使用的海域；海底隧道用海是指建设海底隧道及其附属设施所使用的海域，包括隧道主体及其海底附属设施，以及通竖井等非透水设施所使用的海域；海底场馆用海是指建设海底水族馆、海底仓库及储罐等及其附属设施所使用的海域。

排污倾倒用海

排污倾倒用海是指用来排放污水和倾倒废弃物的海域，包括污水达标排放用海和倾倒区用海两个二级类型。其中，污水达标排放用海是指受纳指定达标污水的海域；倾倒区用海是指废弃物倾倒区所占用的海域。

海底光缆铺设

造地工程用海

造地工程用海是指为满足城镇建设、农业生产和废弃物处置需要，通过筑堤围割海域并最终填成土地，形成有效海岸线的海域，包括城镇建设填海造地用海、农业填海造地用海和废弃物处置填海造地用海 3 个二级类型。其中，城镇建设填海造地用海是指通过筑堤围割海域填成土地后用于城镇（含工业园区）建设的海域；农业填海造地用海是通过筑堤围割海域填成土地后用于农业、林业、牧业生产的海域；废弃物处置填海造地用海是指通过筑堤围割海域后用于处置工业废渣、城市建筑垃圾、生活垃圾及疏浚物等废弃物并最终形成土地的海域。

围海造田

特殊用海

特殊用海是用于科研教学、军事、自然保护区及海岸防护工程等的海域，包括科研教学用海、军事用海、海洋保护区用海和海岸防护工程用海 4 个二级类型。其中，科研教学用海是指专门用于科学研究、试验及教学活动的海域；军事用海是指建设军事设施和开展军事活动所使用的海域；海洋保护区用海是指各类涉海保护区所使用的海域；海岸防护工程用海是指为防范海浪、沿岸流的侵蚀，以及台风、气旋和寒潮大风等自然灾害的侵袭，建造海岸防护工程所使用的海域。

海岸防护工程

其他用海

其他用海是指上述用海类型以外的用海。

7.4 海洋空间资源调查方法

为了更好地利用好海洋空间资源，我们需要了解海洋，深入调查研究海洋空间资源的现状。海洋空间资源调查方法主要有资料收集、遥感调查、岸线测量、物化探测量。

资料收集

通过走访调研和到各个单位收集资料，收集前人已经调查的成果资料，能够初步了解调查区的已有工作基础，避免重复调查，增加调查成本。

▶遥感资料

遥感资料包括调查基准年内的高分辨率遥感影像和不同历史时期近岸和海岛海岸线的变迁调查资料。

▶地质调查资料

地质调查资料主要包括以下6项：①涉及海域的地形图、海图、海籍图、地籍图等图件；②海底沉积物的物质成分、类型、分布状况以及物质来源、地层厚度和分布与其沉积环境特征；③相关海区地形特征、地貌类型及其分布状况、新构造运动形迹，包括断裂、岩浆活动等；④调查区海洋水文、水化学以及各种潜在环境污染、地质灾害因素特征等；⑤海底矿产的类型和分布状况等，预测成矿远景区；⑥调查区海洋生物资源种类、数量、分布、质量等状况等。

▶海洋规划资料

海洋规划资料包括海岸带规划、海洋功能区划、土地利用规划、城乡规划等相关规划资料，海岸线管理与保护和海域开发利用相关资料。

遥感调查

遥感是一种远距离的、非接触的目标探测技术和方法，主要是利用目标反射或辐射电磁波的固有特性差异，达到获取其几何信息和物理属性的目的（张训华和赵铁虎，2018）。感测器透过电磁波、声波等取得探测对象的表面物理特性（温度、湿度、粗糙度等）及几何信息（位置、方向、形状、速度）（纪茜，2021）。遥感反演水深也是根据不同波段在水体中的吸收和反射能力来建立光谱与水深值的关系。

▶遥感影像收集

收集多时相能清晰反映海岸线及相关海域开发利用现状的高分辨率遥感影像。

▶遥感影像处理

在遥感图像的应用之前，对遥感图像进行了预处理，如不同格式遥感数据的输入输出处理、多波段彩色合成处理，遥感图像的辐射校正处理、几何校正处理、图像融合处理、镶嵌处理等。遥感图像信息增强处理可根据不同的工作内容，选取不同的图像信息增强处理方法。

▶信息提取

根据收集到的数据资料，结合实地踏勘验证，建立感影像解译标志库，采用人机交互法提取信息。

▶现场调查验证

根据遥感影像提取的海岸线、潮间带、海岛、海洋运输、填海造陆中的人工岛、海上城市、海上机场等信息，通过实地调查进行验证。

岸线测量

▶岸线测量

岸线测量是为了科学而准确地测定海岸线的岸线类型、空间位置和长度，为准确划定海岸线向陆地一侧的管理界线奠定工作基础。充分利用卫星导航定位技术和航空航天遥感技术，通过实地调查测量和内业判读解译，精确测定海岸线的位置、走向、长度和类型。

▶野外调查测量

野外对海岸线的类型、空间位置进行精确测量，对其属性信息进行调查核查。海岸线主要划分为自然岸线、人工岸线和河口岸线。岸线分类体系表见海岸空间资源部分。

测量岸段应按顺序编号，按海岸线调查要求填写岸线位置、类型和岸线两侧开发利用情况。

▶数据处理

(1)数据整编和矢量化：对现场调查记录获取的坐标数据进行整编，形成海岸线调查统计表，编制矢量数据集并通过拓扑检查。

海岸线调查统计表

项目名称：　　　　　　　　　　　　调查单位：

行政单元：　　　　　　　　　　　　调查时间：

一级类	二级类	岸线长度/m	小计
自然岸线	基岩岸线		
	砂(砾)质岸线		
	粉砂淤泥质岸线		
人工岸线	—		
其他岸线	河口岸线		
海岸线总长度			

调查人：　　　　　　　　　　　　　　校核人：

注：长度单位为米(m)，数值保留一位小数。

(2)自然岸线保有率统计：计算自然岸线保有率时，将基岩岸线、砂(砾)质岸线、粉砂淤泥质岸线，以及河口岸线纳入自然岸线保有量统计。自然岸线保有率按下列公式计算

$$R_{自然}=\frac{L_{自然}}{L_{总}}\times 100\%$$

式中：$R_{自然}$表示自然岸线保有率；$L_{自然}$表示自然岸线保有量(长度)；$L_{总}$表为海岸线总长度。注意：海岸线长度量算单位采用 m，数值保留一位小数；自然岸线保有率百分比统计到 0.01%。

(3)图件制作：依据海岸线调查统计表，运用地理信息系统软件，绘制岸线测量实际材料图、海岸线类型分布图，成果图件编绘符合地质图件编制规定。

▶侵蚀淤积调查

布置观测点包括海岸侵蚀点、海岸淤积点、海岸环境点、岸线类型分界点及典型岸线类型点等类型。

常规项调查包括海岸类型、岩土类型、矿物成分、所属地层、潮汐、浪高、风速、风向等。野外实地测量指标有陡坎高度及坡度、岸滩宽度及坡度、沙滩脚踩下陷深度。除此之外，还要对海岸环境和人类活动进行调查描述。

▶数据库建设和资料整理

数据库建设、资料整理和综合研究应在地面调查过程中同步进行，并及时提交原始成果，及时编制野外调查总结。野外调查原始材料及成果应包括野外调查表格、实际材料图、侵蚀淤积空间分布图、照片集、录像和数据库等。

物化探测量

▶海洋地球物理勘探

在海洋范围内应用各种地球物理勘探方法研究地质构造，寻找有用矿藏，简称海洋物探。海洋物探是研究海洋地质最基本的调查手段，以海底岩石和沉积物的密度、磁性、弹性、导热性、导电性和放射性等物理性质的差异为依据，用多种物探方法和仪器，观测并研究各种地球物理场的空间分布和变化规律，进而阐明海洋底的地质构造及其演化，查明各地质年代沉积物的分布，寻找石油和天然气以及固体矿产资源。

海洋地球物理勘探所观测的有地球本身固有的地球物理场，如重力、磁力、热流和天然地震，也有用人工方法激发的地球物理场，如人工地震和电法等。由于海洋水体是运动的，上述观测必须采用一系列不同于陆地地球物理勘探的仪器和方法。海洋地球物理勘探在早期阶段，采取多种密封防水、弹性减震以及获取静态观测的措施。现代则充分利用海洋的特点进行动态观测，不仅可以快速、连续作业，而且适于将几种物探设备和导航定位仪器集中在一条工作船上，实现电子计算机控制的综合观测。

海洋地球物理勘探主要使用重力、磁力、热流和地震测量 4 种方法，电法和放射性测量在海洋地区现仍处于理论探讨和方法试验阶段。

（1）海洋重力测量：将重力仪安放在船上（动态）或经过密封后放置于海底（静态）进行观测，以确定海底地壳各种岩层质量分布的不均匀性。海底存在着具有不同密度的地层分界面，这种界面的起伏会导致海面重力的变化。通过对各种重力异常的解释，其中包括对某些重力异常的分析与延拓，可以取得地球形状、地壳结构以及沉积岩层中某些界面的资料，进而解决大地构造、区域地质方面的任务，为寻找有用矿产提供依据。

（2）海洋磁力测量：利用拖曳于工作船后的质子旋进式磁力仪或磁力梯度仪，对海洋地区的地磁场强度作数据采集，进行海洋磁力观测。将观测值减去正常磁场值并做地磁日变校正后，即得磁异常。对磁异常的分析，有助于阐明区域地质特征，如断裂带的展布、火山岩体的位置等。详细磁力调查的结果，可用于海底地质填图和寻找铁磁性矿物。世界各大洋地区内的磁异常都呈条带状分布于大洋中脊的两侧，这种条带状磁异常被看成是大洋地壳具有的特征，由此可以研究大洋盆地的形成和演化历史。

（3）海底热流测量：利用海底不同深度上沉积物的温度差，测量海洋底的地温梯度值，并测量沉积物的热传导率，可以求得海底的热流值。热流值变化及其分布特征直接反映出地球内部的热状态,为认识区域构造及其形成机制提供依据。地热流资料对于研究石油成熟度具有重要意义,直接关系到盆地含油气的评价。

(4)海洋地震测量:地震根据震源产生的形式分为天然地震和人工地震两大类。海洋地区的天然地震测量是通过布设在岛屿上或海底的地震台站观测天然地震所产生的体波、面波和微震,来研究海洋底部的构造活动、地壳厚度和低速层展布等特征。海洋地区的人工地震测量是利用炸药或非炸药震源激发地震波,观测在不同波阻抗界面上反射,或在不同速度界面上折射的地震波。折射波法主要用来研究地壳深部界面和上地幔的结构,也称为深地震测深。它要求有强大的低频震源(如使用大炸药量爆炸或使用大容积的空气枪激发),在运动中依次产生地震波,而在相当的距离之外观测地壳深部界面上的折射波和广角反射波(动爆炸点法)。至于浅层折射,除利用声呐浮标获取沉积层中的速度资料之外,现已很少使用。反射波法在近海油气勘探中获得广泛的应用。现代海洋地震勘探广泛采用组合空气枪作为震源,用等浮组合电缆装置在水下接收地震波,通过数字地震仪将地震波记录于磁带上。这样不仅能够在观测船行进中实现快速和高效率的共深点反射连续观测,而且能够使用电子计算机充分利用所获取的地震信息精确地查明沉积岩不同层位的产状、构造及其岩性,以阐明沉积盆地及其中的局部构造和沉积环境。而根据反射地震波传播方案,采用高频频段观测的回声测深仪、地层剖面仪和侧扫声呐等,则是现代调查海底地形、地貌、浅层沉积物结构及其工程地质性质的重要手段。

(5)海洋物定位:海洋地球物理测量都必须有船只和导航定位的保证。海洋物探船的发展趋向是专业化和综合化,尽可能在一次航行中同时进行多种地球物理观测。任何海洋地球物理资料都必须有精确的位置数据。测量的比例尺愈大,测网或采样间距应愈密,对导航定位的要求也相应愈高。在近岸海域内多使用无线电定位系统,工作船接收陆地岸台发射的定位信号,用圆法或双曲线法确定船位。在任何海域内,都可普遍使用卫星定位系统,即通过卫星接收机记录导航卫星经过工作船上空所发射的信号来确定船位,在两个卫星定位点之间,依靠多普勒声呐测定航行中船只对海底的速度变化,由陀螺罗经测定船只的航向,以及岸边无线电定位台站发射的定位信号,来内插船位数据。这些工作都是用电子计算机控制和运算的。

▶海洋地球化学探矿

海洋地球化学探矿简称海洋化探,是系统地测量海中天然物质(海水、海底沉积物、海底岩石等)的地球化学性质,以发现与矿化有关的地球化学异常从而进行找矿的方法。海洋化探的工作方法与陆地化探类似,包括海底区域资料研究、填图、海下电视或照相、采样、分析以及解释评价等。海洋化探的采样比陆地化探困难得多。为了了解海底深部情况,单采海底表层沉积物和表层岩石是不够的,还要穿透若干米采集深部样品。这些都需要在深海潜艇上装置专门的采样机。海洋化探实验室大多建设在船上,使用的方法有比色、原子吸收光谱、直读式发射光谱等。通过海洋化探测量查明海底沉积物的物质成分、类型、分布状况及物质来源,查明海底浅层地层的沉积物类型、地层厚度和分布及其沉积环境特征。

常用的化探采样方法有海水取样、表层取样、柱状取样、钻探取样等,与海水和海洋基质调查方法相同。

结 语

海洋有丰富的水资源，负担着全球的水体循环系统运转，影响甚至决定了全球的气候变化。海洋是生命起源的摇篮，有着丰富的生物资源；海洋是人类生存所需的食品生产基地、原料供应基地；海底有多样矿产资源，也有丰富的资源储量；海洋自身的变化多样蕴含了几乎无穷的发电能源；海洋提供了生产和生活空间，海洋沿岸是人类生活生产的最佳场所，海洋运输是目前最有效率的运输方式之一；海洋是全球污染物的最终净化场地；同时，海洋也蕴含着风险，大型海啸、地震、台风往往给人类造成巨大的灾难。

海洋这个大宝藏还蕴藏着无穷的秘密和奥妙，值得我们不断开发新的海洋调查和探测技术，持续探索海洋，合理开发利用海洋，竭尽所能保护好海洋。

参考文献

艾海,2010.浅谈海洋矿产资源的开发及利用[J].资源导刊(10):40-41.

毕海波,马立杰,黄海军,等,2010.台西南盆地天然气水合物甲烷量估算[J].海洋地质与第四纪地质,30(4):179-186.

蔡峰,闫桂京,梁杰,等,2011.大陆边缘特殊地质体与水合物形成的关系[J].海洋地质前沿,27(6):11-15.

陈多福,李绪宣,夏斌,2004.南海琼东南盆地天然气水合物稳定域分布特征及资源预测[J].地球物理学报,47(3):483-489.

陈建文,2014.东海冲绳海槽天然气水合物成矿地质条件与资源潜力[J].地球学报,35(6):726-732.

陈学雷,2000.海洋资源开发与管理[M].北京:科学出版社.

陈勇,2020.中国现代化海洋牧场的研究与建设[J].大连海洋大学学报,35(2):147-154.

陈云龙,张振国,2007.我国开发利用海洋矿产资源所面临的国际问题及对策[J].华北国土资源(4):35-37.

陈忠,杨慧宁,颜文,等,2006.中国海域固体矿产资源分布及其区划:砂矿资源和铁锰(微)结核-结壳[J].海洋地质与第四纪地质,26(5):101-108

初凤友,姜静,刘禹维,等,2021.我国深海多金属结核资源的勘探进展及思考[J].中国有色金属学报,31(10):2638-2648.

崔木花,董普,左海凤,2005.我国海洋矿产资源的现状浅析[J].海洋开发与管理,22(5):16-21.

戴金星,倪云燕,黄士鹏,等,2017.中国天然气水合物气的成因类型[J].石油勘探与开发,44(6):837-848.

董冰洁,2016.我国海洋多金属矿产资源研究现状及战略性开发前景[J].世界有色金属(12):168-169.

段艳红,2013.寒武纪大爆发后生动物进化特征初探[C]//中国古生物学会.中国古生物学会第十一次全国会员代表大会暨第27届学术年会论文集.东阳:中国古生物学会:33-34.

范宇光,刘雪菲丹,高炳淼,等,2020.海洋药用植物教学实践与思考[J].科教文汇(20):111-112.

方长青,尹素芳,孙立功,等,2002.山东省近海砂矿资源类型划分及开发前景[J].山东地质,18(6):26-32.

方银霞，黎明碧，金翔龙，2001.东海冲绳海槽天然气水合物的资源前景[J].天然气地球科学，12(6)：33－37.

冯雅丽，李浩然，2004.深海矿产资源开发与利用[M].北京：海洋出版社.

高亚峰，2009.海洋矿产资源及其分布[J].海洋信息(1)：13－14.

葛倩，王家生，向华，等，2006.南海天然气水合物稳定带厚度及资源量估算[J].地球科学——中国地质大学学报，31(2)：245－249.

龚建明，2018.可燃冰-未来新能源的翘楚[N/OL].地质论坛，2018－07－30[2023－11－30].https://mp.weixin.qq.com/s/INpaR7VGZK－bMX_AZfoEdA

纪茜，2021.基于遥感影像的水深反演方法研究[D].上海：上海海洋大学.

江文荣，周雯雯，贾怀存，2010.世界海洋油气资源勘探潜力及利用前景[J].天然气地球科学，21(6)：989－995.

金庆焕，2001.海底矿产[M].北京：清华大学出版社.

李洪武，宋培学，2012.海洋浮游生物学[M].合肥：中国科学技术大学出版社.

李建忠，郑民，张国生，等，2012.中国常规与非常规天然气资源潜力及发展前景[J].石油学报，33(S1)：89－98.

梁金强，吴能友，杨木壮，等，2006.天然气水合物资源量估算方法及应用[J].地质通报，25(9)：1205－1210.

刘光鼎，2001.海洋国土与海洋矿产资源[J].国土资源(2)：22－24，6.

刘杰，杨睿，邬黛黛，等，2019.基于生烃思路的微生物成因水合物资源量估算：以琼东南盆地西南深水区为例[J].天然气地球科学，30(4)：539－548.

刘永刚，姚会强，于淼，等，2014.国际海底矿产资源勘查与研究进展[J].海洋信息(3)：10－16.

卢振权，吴必豪，金春爽，2007.天然气水合物资源量的一种估算方法[J].石油实验地质，29(3)：319－323.

宁伏龙，梁金强，吴能友，等，2020.中国天然气水合物赋存特征[J].天然气工业，40(8)：1－24，203.

宁凌，唐静，廖泽芳，2013.中国沿海省市海洋资源比较分析[J].中国渔业经济，31(1)：141－149.

潘继平，张大伟，岳来群，等，2006.全球海洋油气勘探开发状况与发展趋势[J].中国矿业，15(11)：1－4.

RONA P A，李敏，李学杰，2004.21世纪的海洋矿产资源[J].海洋地质(4)：21－34.

沙志彬，梁金强，苏丕波，等，2015.珠江口盆地东部海域天然气水合物钻探结果及其成藏要素研究[J].地学前缘，22(6)：125－135.

单晓英，2009.海洋化学资源[J].资源与人居环境(13)：32－33.

石学法，2012.中国近海海洋：海洋底质[M].北京：海洋出版社.

石学法，符亚洲，李兵，等，2021.我国深海矿产研究：进展与发现(2011—2020)[J].矿物岩石地球化学通报，40(2)：305－318，517.

史斗,郑军卫,1999.世界天然气水合物研究开发现状和前景[J].地球科学进展,14(4):330-339.

宋祖德,2007.我国海洋渔业企业发展模式研究[D].青岛:中国海洋大学.

孙岩,韩昌甫,1999.我国滨海砂矿资源的分布及开发[J].海洋地质与第四纪地质,19(1):123-127.

谭启新,孙岩,1988.中国滨海砂矿[M].北京:科学出版社.

唐勇,方银霞,高金耀,等,2005.冲绳海槽天然气水合物稳定带特征及资源量评价[J].海洋地质与第四纪地质,25(4):79-84.

王国强,2012.软体动物胚胎发育的温度效应研究进展[J].安徽农业科学,40(28):13830-13831.

王淑红,宋海斌,颜文,等,2005.南海南部天然气水合物稳定带厚度及资源量估算[J].天然气工业,25(8):24-27.

王晓强,2010.我国生物多样性保护法律制度研究[D].青岛:中国海洋大学.

王秀娟,吴时国,刘学伟,等,2010.基于测井和地震资料的神狐海域天然气水合物资源量估算[J].地球物理学进展,25(4):1288-1297.

王致,2004.绚丽多彩的海洋植物[J].科学之友(2):61-63.

吴家鸣,2013.世界及我国海洋油气产业发展及现状[J].广东造船,32(1):29-32.

吴林强,张涛,徐晶晶,等,2019.全球海洋油气勘探开发特征及趋势分析[J].国际石油经济,27(3):29-36.

吴美仪,2018.海洋矿产资源的可持续发展[J].中国资源综合利用,36(9):67-69.

吴时国,张健,2017.海洋地球物理探测[M].北京:科学出版社.

吴泰然,何国琦,2003.普通地质学[M].北京:北京大学出版社.

肖业祥,杨凌波,曹蕾,等,2014.海洋矿产资源分布及深海扬矿研究进展[J].排灌机械工程学报,32(4):319-326.

辛仁臣,刘豪,关翔宇,2013.海洋资源[M].北京:化学工业出版社.

邢军辉,姜效典,李德勇,2016.海洋天然气水合物及相关浅层气藏的地球物理勘探技术应用进展:以黑海地区德国研究航次为例[J].中国海洋大学学报(自然科学版),46(1):80-85.

徐枫,金耀明,张岗,等,2013.海水提溴技术现状及前景[J].广东化工,40(11):103-104.

杨文达,曾久岭,王振宇,2004.东海陆坡天然气水合物成矿远景[J].海洋石油,24(2):1-8.

杨燕子,陈华勇,2021.大洋富钴结壳研究进展及展望[J].大地构造与成矿学,47(1):80-97.

姚伯初,2001.南海的天然气水合物矿藏[J].热带海洋学报,20(2):20-28.

姚会强,张晶,李杰,等,2018.富钴铁锰结壳年代学研究方法进展[J].地球化学,47(6):627-635.

叶建良,秦绪文,谢文卫,等,2020.中国南海天然气水合物第二次试采主要进展[J].中

国地质,47(3):557－568.

于兴河,付超,华柑霖,等,2019. 未来接替能源——天然气水合物面临的挑战与前景[J]. 古地理学报,21(1):107－126.

曾维平,周蒂,2003. GIS 辅助估算南海南部天然气水合物资源量[J]. 热带海洋学报,22(6):35－45.

张成,姜涛,解习农,等,2019. 海洋矿产资源[M]. 武汉:中国地质大学出版社.

张甘霖,王秋兵,张凤荣,等,2013. 中国土壤系统分类土族和土系划分标准[J]. 土壤学报,50(4):826－834.

张光学,梁金强,陆敬安,等,2014. 南海东北部陆坡天然气水合物藏特征[J]. 天然气工业,34(11):1－10.

张树林,2007. 珠江口盆地白云凹陷天然气水合物成藏条件及资源量前景[J]. 中国石油勘探(6):23－27.

张绪良,谷东起,陈焕珍,2009. 海水及海水化学资源的开发利用[J]. 安徽农业科学,37(18):8626－8628,8630.

张训华,赵铁虎,2018. 海洋地质调查技术[M]. 北京:海洋出版社.

张志飞,刘璠,梁悦,等,2021. 寒武纪生命大爆发与地球生态系统起源演化[J]. 西北大学学报(自然科学版),51(6):1065－1106.

中国海洋年鉴编纂委员会,2010. 2010 中国海洋年鉴[M]. 北京:海洋出版社.

周仲怀,徐丽君,刘兴俊,1989. 莱州湾沿岸地下浓缩海水化学资源的开发利用[J]. 海洋科学(1):65－70.

朱斌,张建法,蒋鹏举,2002. 海洋微生物来源的生物活性物质[C]//中国化工学会. 2002 年全国精细化工有机中间体学术交流会论文集. 南京:中国化工学会.

朱而勤,1980. 海底矿产[M]. 济南:山东科学技术出版社.

祝有海,庞守吉,王平康,等,2021. 中国天然气水合物资源潜力及试开采进展[J]. 沉积与特提斯地质,41(4):524－535.

祝有海,张永勤,方慧,等,2020. 中国陆域天然气水合物调查研究主要进展[J]. 中国地质调查,7(4):1－9.

AHLBRAND T S, 2002. Future petroleum energy resources of the world [J]. International Geology Review,44(12):1092－1104.

ARCHER A A,1983. Marine mineral resources:effect of the low of the sea convention [J]. Resources Policy,4207(83):90036－90038.

BOSWELL R,COLLETT T S,2006. The gas hydrates resource pyramid [J]. Fire in the Ice,6(3):5－7.

BOSWELL R,COLLETT T S,FRYE M,et al.,2012. Subsurface gas hydrates in the northern Gulf of Mexico[J]. Marine and Petroleum Geology,34(1):4－30.

CHUANG S,LIN A T,LIN C C,et al.,2016. Geological investigation of gas hydrate resource potential in the offshore areas of South－Southwest Taiwan [J]. Special Publication

Central Geology Survey, 30: 1 - 42.

GLASBY G P, LI J, SUN Z, 2015. Deep - sea nodules and Co - rich Mn crusts [J]. Marine Georesources & Geotechnology, 33(1): 72 - 78

GREINERT J, ARTEMOV Y, EGOROV V et al, 2006. 1300 - m - high rising bubbles from mud volcanoes at 2080m in the Black Sea: hydroacoustic characteristics and temporal variability[J]. Earth and Planetary Science Letters, 244: 1 - 15.

HALBACH P, GIOVAANOLI R, BORSTEL D, 1982. Geochemical processes controlling the relationship between Co, Mn, and Fe in early diagenetic deep - sea nodules [J]. Earth and Planetary Science Letter, 60: 226 - 236.

KRASTEL S, SPIESS V, IVANOV M, et al., 2003. Acoustic investigations of mud volcanoes in the Sorokin Trough, Black Sea[J]. Geo - marine Letters, 23(3/4): 230 - 238.

KVENVOLDEN K A, 1988. Methane hydrate—a major reservoir of carbon in the shallow geosphere? [J]. Chemical Geology, 71(1/3): 41 - 51.

KVENVOLDEN K A, 1999. Potential effects of gas hydrate on human welfare[J]. Proceedings of the National Academy of Sciences, 96(7): 3420 - 3426.

KVENVOLDEN K A, 2010. Methane hydrate in the global organic carbon cycle[J]. Terra Nova, 14(5): 302 - 306.

MILKOV A V, 2004. Global estimates of hydrate - bound gas in marine sediments: how much is really out there? [J]. Earth - Science Reviews, 66(3): 183 - 197.

NAKAJIMA T, KAKUWA Y, YASUDOMI Y, et al., 2014. Formation of pockmarks and submarine canyons associated with dissociation of gas hydrates on the Joetsu Knoll, eastern margin of the Sea of Japan[J]. Journal of Asian Earth Sciences, 90: 228 - 242.

RUPPEL C, 2011. Methane hydrates and contemporary climate change[J]. Nature Education Knowledge, 3(10): 29

SASSEN R, COLE G A, DROZD R, et al., 1994. Oligocene to Holocene hydrocarbon migration and salt - dome carbonates, northern Gulf of Mexico[J]. Marine & Petroleum Geology, 11(1): 55 - 65.

SAUTER E J, MUYAKSHIN S I, CHARLOU J L, et al., 2006. Methane discharge from a deep - sea submarine mud volcano into the upper water column by gas hydrate - coated methane bubbles[J]. Earth and Planetary Science Letters, 243(3/4): 354 - 365.

SLOAN D E, 1998. Gas Hydrates: review of physical/chemical properties[J]. Energy & Fuels, 12(2): 191 - 196.

TRUNG N N, 2012. The gas hydrate potential in the South China Sea[J]. Journal of Petroleum Science and Engineering(88/89): 41 - 47.

WANG F F H, MCKELVEY V E, 1976. Marine mineral resources[J]. Developments in Economic Geology, 3: 221 - 286.

WU N Y, YANG S X, ZHANG H Q, et al., 2010. Gas hydrate system of Shenhu Area, northern South China Sea: wire - line logging and preliminary resources estimates[C]// Proceedings of 2010 Offshore Technology Conference, Houston, TX, USA, 3 - 6 May 2010: OTC20485.

WU S, ZHANG G, HUANG Y, et al., 2005. Gas hydrate occurrence on the continental slope of the northern South China Sea[J]. Marine and Petroleum Geology, 22(3): 403 - 412.

YE J L, QIN X W, QIU H J, et al., 2018. Preliminary results of environmental monitoring of the natural gas hydrate production test in the South China Sea[J]. China Geology, 2: 202 - 209.